U0230742

微观世界之谜：
从经典到量子

吴今培　李雪岩　编著

科 学 出 版 社

北 京

内 容 简 介

本书用富有哲学色彩的语言以及生动形象的比喻向读者深入地展示量子世界里那些最有趣、最不可思议的地方。内容涵盖了光量子假说、波粒二象性、双缝实验、矩阵力学、波动力学、量子纠缠等激动人心的内容。对于量子世界中每一个神奇的领域，书中没有罗列铺陈难懂的数学公式，而是构建了一套新颖的、认识微观世界的逻辑思维体系，通过陪伴读者充分领略宏微观世界颠覆性的差异，进而带着问题，环环相扣，一步步突破自身的直觉，揭开量子世界最为深刻的奥秘。

本书不仅可以作为一般读者了解量子世界的普及读物，也可以作为量子理论及其相关领域学者和研究者的参考书。

图书在版编目（CIP）数据

微观世界之谜：从经典到量子 / 吴今培，李雪岩编著.
北京：科学出版社，2024.8. -- ISBN 978-7-03-079196-2

Ⅰ. O413-49

中国国家版本馆 CIP 数据核字第 20241KZ348 号

责任编辑：余　丁 / 责任校对：胡小洁
责任印制：师艳茹 / 封面设计：楠竹文化

科学出版社 出版

北京东黄城根北街 16 号
邮政编码：100717
http://www.sciencep.com

三河市春园印刷有限公司印刷
科学出版社发行　各地新华书店经销

*

2024 年 8 月第　一　版　　开本：880×1230　1/32
2024 年 8 月第一次印刷　　印张：5 1/2
字数：96 000

定价：49.00 元

（如有印装质量问题，我社负责调换）

前　言

　　岁月虽然已经过去千百年，而我们还生活在伽利略、牛顿揭示的物理世界里。这个世界与我们的直觉思维是一致的，但是，对于量子层面的物体，也就是当我们试图观测像电子这样的基本粒子时，直觉思维却不再适用，我们必须从经典力学中走出来，构造一个更为真实的关于量子世界的理论——量子力学。

　　诺贝尔物理学奖获得者默里·盖尔曼说："量子力学的发现是人类历史上最伟大的成就之一，但它同时也是人类最难掌握的理论之一……它违反了我们的直觉思维——更确切地说，应该是人类直觉思维是建立在忽略量子效应的基础上。"

　　人类直觉思维形成的、经典力学所解释的世界是一个确定性的世界。在这里，万事万物都已经由物理定律规定下来，连一个细节都不能更改。过去和未来就像已经写好的剧本，宇宙的运动、变化只能严格按照这个剧本进行，无法跳出这个窠臼。从某种角度看，经典力学规律就像计算机程序：读取输入，产生输出。这里，输入就是某一事物在给定时刻的状态，而输出则是其在未来某个时刻的状态。精确的输入产生精确的输出，因此预测具有确定性。

量子力学认为每次观测只能给出其结果出现的概率，就算我们用最完美的方法知道了物体现在的状态，这并不能保证我们可以准确地预测它未来的状态。未来可能发生的事件并不是预先决定好的。我们得到的只是或大或小的概率而已。诺贝尔物理学奖获得者理查德·费曼说："这是不是意味着物理学——一门极精确的科学——已经退化到'只能计算事件的概率，而不能精确地预言究竟将要发生什么'的地步了呢？是的！这是一个退却！但事情本身就是这样的：自然界允许我们计算的只是概率，不过科学并没有因此垮台。"所以，接受量子力学就意味着必须放弃精确预测未来的雄心壮志。读者学习量子力学要致力于转变自己的思维模式，弥补自己的思维短板，理解量子力学不同于经典力学的崭新的物理观念。

总之，量子力学完全站在经典力学的对立面。无论是牛顿力学的创始人，还是相对论的发现者，他们都深信宇宙的一切必须在决定论的监视下一丝不苟地运行。决定论强调必然性，不可动摇，不可更改的方面，人们必须遵守，必须服从，没有商量的余地。量子力学用概率统计方法描述微观世界，在这里，一切瞬息万变的量子态只能给出一个可能的、概率的结果。这种理论强调不确定性、随机性和多可能性。自然界应该是开放的，未来不再由过去和现在决定。以上是两种不同的科学世界观，读者学习量子力学必须从根本上转变自己的世界观。

本书是关于量子力学的科普读物，它的主要特点是：

第一，本书以量子的新形式、新性质、新规律为主线，循序渐进地给读者讲述人类探索量子世界的神奇故事。

掐指算来，量子概念的诞生已经超过一个世纪了，但其含义非常深奥，在大众心中还是迷雾重重，她就像一个神秘的少女，我们天天与她相见，却始终无法猜透她的内心世界。对于这个问题，不光普通的人，即使是学过物理的人，也并非都能真正理解或接受量子概念。量子力学就是为探索这个对象而来，也为解释这个概念所困。

　　本书向读者揭示量子力学是如何第一次重新审视人类赖以生存的这个世界。原来，我们所熟悉的日常世界并不是世界的全部。既然我们有幸来到这个世界，就应该了解这个世界的全部，欣赏这个世界的真相和奇妙。我们的目标是让更多的人走进量子课堂，理解量子，关注量子，拥抱量子。

　　第二，读者零基础学习量子理论。

　　作为一个科普读物，其性质决定了它的通俗性，要到众多的读者中去扎根。鲁迅先生曾在赞扬某些外国科普作品注意通俗性后，批评说："中国的某些译本，却将这些删去，单留下艰难的讲学语，使它复近于教科书……。"通俗化的本质是一种转换，将深奥的专业知识转化为通俗易懂的内容，不要求读者来上专业课。为此，本书尽可能把量子力学中的精华部分提炼出来，用平实易懂的语言加以解释，而不借助复杂的数学知识。我们始终把注意力集中在物理概念上，避开了艰深的数学推导，读者不会因此望而却步。科普读物必须照顾到读者的基础，本书只要求读者具备高中程度的数学和物理知识，不会把对量子力学有兴趣但缺乏足够数学基础的许多读者挡在门外。我们的目标是要激励更多人学习量子力学的热情，形成广泛的读者群。

本书虽然不追求严格的数学推导，但也不打算停留在走马观花的科普水平。既强调内容的通俗性，又不失专业的严谨性，而要把握好这个"度"。为此，我们在内容取舍和讲解方法上都考虑到这方面的要求，尽可能做到"高起低落"，深入浅出，专家学者看了不觉为浅，大众读者读来不觉为深。能同时满足三类读者的要求：如果你过去没有学过量子力学，可以把它作为入门书来读；如果你正在学习量子力学，可以把它作为参考书来读；如果你已经学过量子力学，可以把它作为交流心得来读。

第三，用尽量精短的篇幅容纳尽量丰富的内容，让读者尽快了解量子世界的真相。

考虑现代人的时间宝贵，总是想用最短的时间获取最有用的知识，所以小而精的书利用率最高。我们知道，现代科学的每一项发现或成就，既有继承，更有创新。牛顿的脚下踩着哥白尼的《天体运行》和伽利略的《对话》，而爱因斯坦又踩着牛顿的《自然哲学的数学原理》，给后人留下了《狭义相对论》和《广义相对论》。这些旷世杰作都是他们每一个人独立完成的，从诞生的那刻起便闪耀着神圣不可侵犯的光辉和唯我独尊的气魄。但量子论却不同，量子论的创立是20世纪初以来一大批最杰出的天才们共同努力完成的。量子论的成长史，更像是一部艰难的探索史，其中的每一步都充满了陷阱、荆棘和迷雾，正是这样的磨砺，量子论的创立过程更显得波澜壮阔，激动人心，奇闻轶事层出不穷，引人入胜。这方面的内容有很多书已经详细描写了。为了避免重复，本书基本上不涉及名人轶事，而是侧重将量子论中博大精深的思想及其伟大发现提炼出来，用通俗易懂的语言加以解释，如果读者掌握了这方面的内容，也就掌握了解开"微观世界之谜"的钥匙。

作者在撰写本书的过程中，参考、引用、融合了国内外相关的文献著作及研究成果，在此对所涉及的专家学者表示衷心的感谢。

本书得到李雪岩博士主持的国家自然科学基金项目（72103019）资助。

最后还要特别感谢科学出版社鞠丽娜编辑对本书的初稿提出不少中肯意见，我们从中获益良多。

无疑，受限于作者的能力与水平，书中的缺点和不妥之处肯定不少，真诚地期望读者批评指正。

吴今培

2024 年元月于广州泰康粤园

目　录

1　从牛顿力学到量子力学……………………………… 001

2　宇宙万物量子造——普朗克的伟大发现……….. 007

3　光量子假说——爱因斯坦的桂冠………………… 016

4　一沙一世界——玻尔原子模型………………….. 024

5　量子具有"双重人格"——我似粒子，又似波… 032

6　量子像飘忽不定的幽灵——测得准这个，
　　就测不准那个 …………………………………….. 038

7　量子的计算路线——三条大路通罗马…………… 044

8　量子力学是黑板上的符号，还是实验室的事实
　　——双缝实验 ………………………………….. 057

9 虚数不虚——量子世界是复数世界 …………… 069

10 量子世界，隔山可以打牛——EPR 悖论的
   上帝裁决 ……………………………………… 075

11 天下只有一个电子——量子全同性原理 ……… 082

12 一山不容二虎——量子不相容原理 …………… 089

13 物理小天使——电子自旋 ……………………… 092

14 量子是实在，还是幽灵——观察创造实相 …… 096

15 量子的反现实主义特性 ………………………… 104

16 量子力学的世界观 ……………………………… 116

17 量子理论照亮世界 ……………………………… 139

尾声 …………………………………………………… 158

参考文献 ……………………………………………… 162

从牛顿力学到量子力学

近代科学的发展，从牛顿力学到相对论、量子论，再到超弦理论，人类的认知边界，无论从宏观方向看，还是从微观方向看，都在不断拓展，又在不断刷新。我们的科学正在步步走向洞悉宇宙真相的最深最远处，去探索未知的世界。宇宙的奇妙故事，不是游吟诗人唱出来的，也不是剧作家写出来的，这样的故事是科学家讲出来的。

1687 年，牛顿发表了一部划时代的旷世巨著《自然哲学的数学原理》，揭示了自然界隐藏着的数学原理。牛顿告诉人们，自然界的万事万物，从行星运转到苹果落地，都蕴含着数学原理。根据牛顿运动和引力定律，它们精确地确定着物体任何时刻在运动中的位置和速度。

牛顿力学的普遍原理主宰了世界运行的方式。万物运动与演化的规律不是写在日月星辰里，而是在牛顿书写方程式用的墨水里。这是一个设计好蓝图的宇宙，科学家可以用它来建立模型、制作流程图和预测表。宇宙的过去和未来，一切都尽在掌握之中，一切都不是秘密。今天，每一栋摩天大楼、每一座桥梁、每一架飞机和每一枚火箭都是按照牛顿的运动定律建造的，正是这个理论将人类带入工业文明时代。

然而，热爱隐藏的大自然不会轻易暴露自己的真相，它是一本读不完的书！当科学家对光、电和热有更多的认识之后，还用牛顿力学去解释许多自然现象，那可能性就越来越渺茫，甚至连我们描述大自然的语言也改变了：我们学会了量子和波函数，取代了具有确定位置和速度的粒子。牛顿力学尽管取得了巨大的成功，却已经走到了尽头。

现在我们已经知道，在处理接近光速的高速问题时需要狭义相对论，在研究大质量物体的引力效应时需要广义相对论，而在分析微观物理问题时则需要使用量子论。天地万象——物质、能量、时间、空间，甚至信息最终都是量子化的，宇宙万物都在进行着非连续的量子运动，而量子力学就是一种研究非连续运动的新力学，它可以统一地处理所涉及的微观世界问题。

　　量子力学所描绘的世界，是一个错综复杂、迷雾重重的世界，它和宏观世界的规律完全不同，在那里，一些诡异现象公然挑战人类的认知底线，动摇我们与生俱来的理性和逻辑。下面举两个例子来说吧。在量子世界，两个孪生粒子，即使它们远隔万水千山，一个要举起左手，另一个马上就要举起右手，像照镜子一样精确。而且它们不在乎距离，不需要反应时间，也不必相互作用，隔山可以打牛。对于这样的现象，连伟大的爱因斯坦都不能理解，称其为"鬼魅般的超距作用"。量子的神奇特性还表现在测量问题上。神系和佛系认为，世间奥妙，信则有、不信则无。量子论认为，世间万物，"看"则有，不"看"则无。这再一次遭到爱因斯坦的质疑："月亮只是因为老鼠盯着它看才存在吗？"神佛归庙宇，量子归科学，难道外部物质世界不"看"（观察）就不存在吗？在经典力学中，某个物体的性质（如位置、速度），无论你看或不看，它都在那里。正如一句著名的诗："你见，或者不见我，我就在那里，不悲不喜"。然而量子力学最迷惑，最震撼人心的一项科学发现，就是不要离开测量来谈论世界的存在。离开测量，就是臆测。观察与被观察事物之间存在着某种共创性关系，观察影响存在，不被观察的现象不能称之为现象。如果没有观测，薛定谔的猫，是死猫、活猫、又死又活的猫都不能视为真实存在。量子论就是这样不同于常识并且难以被常识接受的真理。我们生活在量子世界，怪事连连，哪有什么岁月静好，只不过是微观粒子在替你诡秘前行！

世上有说不尽的莎士比亚，说不尽的红楼梦，还有不仅说不尽而且说不通的量子论。美国著名物理学家、诺贝尔奖得主理查德·费曼说："有一段时间报纸说，世界只有 12 个人懂得相对论。我不相信曾经有过这样的时候……但是我想我可以有把握地说，没有人真正懂得量子力学"。"从常识的观点看，量子力学对自然的描述是荒谬可笑的，但是它与实验完全吻合，因此我希望你能接受自然是荒谬的，因为它确实是荒谬的"。费曼是爱开玩笑的人，但在这个问题上他是非常认真的。我们之所以觉得量子力学不可理喻，是因为我们的所有感知、常识、文化和科学都是建立在比量子尺度大出许多许多的"宏观世界"之上。换言之，人类的常识是在宏观世界的环境中孕育出来的，它与量子力学并不相符。你见过量子态的粒子吗？不可能，从来没有。量子力学探索的不是我们熟悉的宏观世界，而是一个你绝对看不见，永远摸不着的离现实生活更遥远的微观世界。如果说宏观世界像一座城，街巷门牌甚分明，细心辨识都是路。微观世界则像一个迷宫，这里曲径通幽，白云深处不知归路。因此，量子力学不能跟随经典力学的思路研究微观世界规律，不可以任何经典方式解释量子世界的诡异现象。这里更加需要大胆的假设和创造性的灵感。

欲厦之高，必牢其基础。人类的技术进步都是走在基础研究的大道上的。量子力学给人类带来了激光、半导体、超导体、超流体、石墨烯、核磁共振……。很难想象，如果没有半导体，就没有晶体管，退回到电子管时代，那时候的计算机比一间房子还要大。硅芯片的出现，使计算机向巨型和微型发展，才有了现在的电脑、智能手机、智能家电、智能机器人、电子游戏机、GPS、互联网……。未来还有量子计算机、量子通信、量子精密测量……。在量子力学发展的早期，我们观测和控制的都是大量粒子的集体，而不能操控单个粒子。随着我们对单个量子操控能力的进步，人类在 21 世纪里使用的最新技术将深深地受到量子力学发展的影响。

经典力学并没有错，量子力学只是以更为精准和深刻的理性，认识了更为全面的世界真相，成为有史以来在实用中最成功的科学理论，但不能声称它为最终理论。美国物理学家、诺贝尔奖得主默里·盖尔曼认为：
"尼尔斯·玻尔给整整一代物理学家洗脑，让他们相信，
事情已经最终解决了。"但仍然存在一些悬而未决的问题
（比如量子测量问题以及量子世界与日常经典世界的确切
边界问题）。人们对哥本哈根诠释的批评，与量子力学的
数学内容产生的方程几乎没有任何关系，他们争论的是
量子力学内涵是什么。量子力学长于计算而拙于解释，
公式之外的各种解释，未必都知道深层缘由，这表明量
子力学的路仍未走到尽头，还有无数的秘密有待发掘，
我们需要继续努力地上下求索去走完剩下的路。

宇宙万物量子造——普朗克的伟大发现

　　量子理论可以说是始于黑体辐射的研究。这里，需要解答三个问题：第一，什么是黑体辐射？第二，理论公式和实验结果的矛盾是什么？第三，如何突破这个矛盾？

　　科学发现，一切温度高于绝对零度的物体都会发出辐射，这种辐射是以"电磁波"的形式发出来的，并将这些辐射转化为热辐射。人体就在时时刻刻向外辐射一定波长范围的电磁波，之所以我们看不到，是因为这种电磁波不是可见区域的电磁波。对于外来辐射，物体有吸收和反射的作用。如果一个物体能百分百吸收投射到它上面的电磁辐射而无反射，这种物体称为黑体。若在一个密闭的空腔上开一个小孔（图 2-1），因为任何从空腔外面射入小孔里的辐射在空腔内会发生多次反射，最终被完全吸收，这个小孔的作用就像是一个相当理想的黑体。

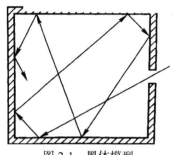

图 2-1　黑体模型

在日常生活中，我们观察建筑物的小窗户，如果建筑物内部没有光源，尽管是白天，看到的小窗户也是黑色的，窗户越小就越黑，这个窗户所在的腔体就构成一个近似程度不高的黑体模型。

理论和实验表明，黑体辐射与构成空腔的材料性质无关，而只依赖于空腔的温度。图 2-2 表示黑体在不同温度下辐射强度随波长的变化曲线。接下来要做的事情，就是用理论来解释实验曲线。经过科学家的研究，在黑体问题上，我们得到了两套公式。可惜，一套只对长波有效，而另外一套只对短波有效。这让人们非常郁闷，就像有两套衣服，其中一套上装十分得体，但裤腿太长；另一套的裤子倒是适合，但上装却小得无法穿上身。最要命的是，正如这两套衣服根本没办法合在一起穿，这两套公式也根本没办法融合到一起，因为两套公式推导的出发点是截然不同的！从玻尔兹曼统计力学去推导，就得到适用于短波的维恩公式，而在长波范围则与实验曲线显著不一致。从麦克斯韦电磁场理论去推导，就得到适用于长波的瑞利-金斯公式，但当波长进入短波范围（紫外区）则完全不符合，且当波长趋于零时，瑞利-金斯公式趋于无穷大，这显然是荒谬的，这种情况被称为"紫外灾难"（图 2-3）。总之，当时没有提出一个理论公式能对黑体辐射实验曲线作出全面拟合，更谈不上作出正确的物理解释，这就是 19 世纪末在物理学天空中飘浮着的一朵乌云。驱散这朵乌云，导致了量子革命的爆发。

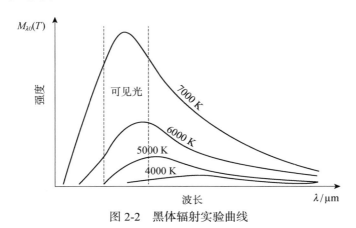

图 2-2 黑体辐射实验曲线

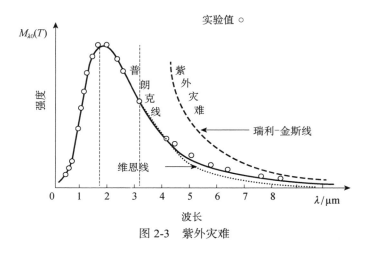

图 2-3　紫外灾难

1900 年 12 月 14 日，普朗克在德国物理学会上宣读了那篇只有 3 页的名留青史的论文《黑体光谱中的能量分布》，其中他大胆假设黑体"在能量发射和吸收的时候，不是连续不断，而是分成一份一份的。"

这个一份一份的能量，普朗克把它叫作"能量子"，但随后很快，在另一篇论文里，他就改称为"量子"。量子就是能量的最小单位，一切能量的传输，都只能以这个量为单位来进行。它可以传输一个量子，两个量子，任意整数个量子，但却不能传输 1/2 个量子，1/3 个量子，……。那样的状态是不允许的，就像人民币的最小面额是一分钱，没有比一分钱更小的单位。所以，对现钞来说，一分钱就是一个量子，你不能用人民币支付 1/2 分钱。

那么，黑体辐射能量的最小单位究竟是多少呢？从普朗克的黑体辐射公式可以容易地推算出答案：它等于一个常数乘以辐射频率。用一个简明公式来表示：

$$E = h\upsilon$$

式中，E 是单个量子的能量，υ 是辐射频率，h 就是神秘的量子常数，以它的发现者命名，称为"普朗克常数"。在时间单位为秒和能量单位为焦耳的单位制里，h 约等于 6.626×10^{-34} 焦耳·秒。h 好像是一柄将能量砍削成量子的斧子，而普朗克是第一个挥舞这柄斧子的人。

普朗克的发现告诉我们：

第一，能量不是连续的，而是一份一份传递的。也就是说，能量只能以能量量子的倍数变化，即

$$E = h\upsilon, 2h\upsilon, 3h\upsilon, 4h\upsilon, \cdots$$

这是一个石破天惊的发现，成为了量子革命的开端！因为这个发现，普朗克获得诺贝尔奖，他的头像铸入德国马克硬币，在全德国的收银机里叮当作响几十年。

普朗克发现能量不连续，进而推导出时间、空间也存在着不连续的可能性。时间也有最小单元，它的最小刻度称为"普朗克时间"，$tp = 10^{-43}$ 秒。空间也有最小单

元，它的最小刻度称"普朗克长度"，$lp = 10^{-35}$ 米。总之，宇宙存在最小点或最小分辨率，宇宙结构具有不可抹平的"粗糙度"，所有事物、能量、时间、空间都是离散化的。我们身在其中，却感觉不到那种"空隙感"和"不连续感"，是因为普朗克常数 h 实在是太小了，这比 8K 高清电视的分辨率还要高千亿亿亿亿倍，这个数量的不连续性是人类感官系统远不能感知到的。

在普朗克提出量子概念之前，人们总是认为一切物理过程都是连续的。这种连续性假设就是微积分的基础，牛顿庞大的力学体系便是建筑在这个地基之上，度过了数百年的风雨。一个简单普适公式 $E = h\upsilon$ 第一次将不连续性引进到物理领域，物理学才终于跳出连续性的泥坑，也彻底打破了人们对世界的传统认识，我们现在明白量子化才是世界的本质！

第二，量子非常精细，令量子计算结果总是高度精确。比如对于频率为 10^{15} 赫兹的辐射，对应的量子能量是多少呢？那么就简单地把 10^{15} 乘以 6.626×10^{-34}，算出结果等于 6.626×10^{-19} 焦耳，也就是说，对于频率为 10^{15} 赫兹的辐射，最小的"量子"是 6.626×10^{-19} 焦耳，能量必须以此为基本单位来发送。当然，这个值非常小，世间任何非虚构之物，不存在比它更小的物理量。在没有提出量子概念之前，没有任何人意识到它的存在。正因为量子非常精细，令量子力学的相关计算和预言达至无与伦比的精确度。

布莱恩·格林在其著作《宇宙的结构》中给出了两组数据：

A. 2.002 319 304 8

B. 2.002 319 304 2

这是量子力学关于电子磁矩（自旋电子产生的磁场强度）的预测与验证，A 组是理论计算值，B 组是实际测量值。除去各自合理的误差范围，二者密合度超过千亿分之一。相当于测量从北京到纽约的距离，误差只有一根头发丝。

量子力学凭实力说话，它很玄乎，可是它很精确。迄今为止，没有任何实验结果与量子计算相悖，观测结果几乎无一例外地与预测一致。

第三，万物最小者，小不过量子。两千多年来，人类一直思考：世间万物是怎么组成的？不论宇宙万物怎样复杂，物理学家总是希望将其彻底分解到一个一个不可再分的单元。古希腊科学家认为，物质由许多极小的微粒构成，原子是最小的单元，不可再分。也就是说，原子是万物的最小组分。到了 19 世纪，科学家发现，原子只不过是物质结构的一个层次。原子具有亚结构，可以再分，由质子、中子和电子组成。经过一代又一代科学家的不懈努力，我们得以一层一层地剥开物质构成的"洋葱皮"：从分子到原子，到质子和中子，再到夸克和电子。随着我们一层一层地往下探索，我们发现的物质组成也越来越小。那么，我们可以一直这样分割下去吗？直到 20 世纪初，我们终于遇到了物质最基本的、不可分割的组成部分——能量子。人们开始明确地认识到，宇宙最大的统一特征是能量子，而不是坚硬的、不可穿透的原子。能量子是可以使任何物质发生或存在的最小能量，是一切物质不可或缺的基本构成要素，原子本身就是由能量子构成。能量子（如光子、电子）是不可再分的基本单元，简称量子。在通常语境下，量子就是指各种基本粒子。现在我们应该确立新的认识：构成物质的不可再分的组分不是原子，而是基本粒子。大道至简，整个宇宙就是由一个个基本粒子拼装出来，构成了纷繁复杂的世界。至此传统的物质观"宇宙万物原子造"，要让位于"宇宙万物量子造"。

这就叫颠覆！

第四，量子问世，三大宇宙常数全部到位。量子论的普朗克常数 h（6.626×10^{-34} 焦耳·秒）为宇宙最小结构极限；牛顿力学的万有引力常数 G（6.67×10^{-11} 立方米每千克平方秒）为万物相互作用力极限；爱因斯坦相对论的光速常数 c（30 万公里每秒）为宇宙时空移动极限。我们的宇宙，就是由 h、G、c 代表的三个科学体系给予定义和描述的。"三剑客" h、G、c 全部到位才能达到万物至理。

实践证明，三路世界观可以放心地用以指导盖楼、架桥、航天、潜海、通信、导航……。人们不必担心理论指导错误而导致安全事故。不过它们对宇宙万有引力的解释存在矛盾，应该还有一个三路归一的终极理论，将宇宙中四种各自为政、互不管辖的作用力，即引力、电磁力、弱核力、强核力统一起来，形成人类认知体系中的一个全新套装，以期达到天下一统、四海一家，这就是所谓的"大统一理论"。不过这还在漫漫的征途上，人们还不知道什么时候达到这个目标。

3

光量子假说——爱因斯坦的桂冠

1887 年，赫兹发现紫外线照射到某种金属板上，可以将金属中的电子打出来（图 3-1），这种光产生电的效应称之为光电效应。

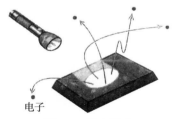

电子

图 3-1　光电效应

当时正是麦克斯韦的电磁波时代，也是光的微粒学说被赶出物理学的时代，从电磁波入手解释光电效应自然是再合适不过的了。因为电磁波的能量会慢慢聚集，就像晒太阳一样，越晒越暖和。等到能量达到一定程度时，电子就会从金属板上逸出。但是当人们用电磁波理论解释光电效应时却遇到了严重困难：

（1）按电磁波理论，只要光强足够，任何颜色的光都能打出电子，可是实验结果是再强的可见光也打不出电子，而很弱的紫外线就可以打出电子，并不是每种颜色的光都能引发光电效应；

（2）按电磁波理论，10^{-3} 秒后才能打出电子，可实验结果是 10^{-9} 秒即可打出电子；

（3）按电磁波理论，被打出的电子的动能与光强有关而与光的频率无关，可实验结果却是电子的动能与光强无关而与光的频率成正比。

1905 年注定是不平凡的一年，注定是要载入史册的一年。正值书生意气、挥斥方遒之年的爱因斯坦，因受普朗克的能量量子化假设的启发，提出了光量子假设。他认为，如果把一份份的能量量子看作粒子，光通过具有粒子性的能量量子进行传播并与物质发生相互作用，则光电效应问题迎刃而解。

为了阐明这一观点，爱因斯坦发表了《关于光的产生与转化的一个试探性观点》的论文。在该论文中写道："在我看来，关于黑体辐射、光致发光、光电效应以及其他一些有关光的产生和转化现象的实验，如果用光的能量在空间不是连续分布的这种假设来解释，似乎就更好解释。按照我的假设，从光源发射出来的光束的能量在传播中不是连续分布在越来越大的空间之中，而是由个数有限的、局限在空间各点的能量量子所组成，这些能量量子能够运动，但不能再分割，而只能整个地吸收或产生出来"。

爱因斯坦将这种光的能量粒子称为光量子，它不可以继续分割，并且和光吸收材料之间的作用也是整体性的：每个光量子要么被吸收，要么没有被吸收，不存在一部分被吸收的情况。后来人们把光量子简称为光子。光子学说可以很好地解释光电效应。因为每一个光子的能量都固定为 $h\nu$，那么光照射到金属表面，金属所受到的打击主要取决于单个光子的能量而不是光的强度，光的强度只决定光子流的密度而已。

打个比方来说，光子就是子弹，能否打穿钢板只取决于子弹的动能，而与子弹的发射密度无关。如果是大口径步枪，一颗子弹就能击穿钢板，如果是玩具手枪射出的塑料子弹，一百把手枪同时发射也打不穿钢板。

在光电效应实验中，紫外线就是大口径步枪的子弹，可见光就是玩具枪的子弹，所以很弱的紫外线就可打出电子，而再强的可见光也打不出电子，因为可见光的强度高只不过意味着塑料子弹密集发射而已。因为光子能量是 hv，所以被光子打出来的电子动能就与光频率 v 成正比，而与光强无关。也就是说，光电效应的一个有趣特征是：对任何特定金属来说，都存在最小频率，或者说"阈值频率"。无论照射金属板的光有多亮，照射时间有多长，只要光的频率低于这个阈值频率，那么金属板连一个电子都不会发射出来。不过，一旦照射的频率跨过这个阈值，无论它有多暗，金属板都会发射电子。

据此，爱因斯坦引入功函数这个新概念，认为光电效应的成因是：电子需要从光量子那里获取足够多的能量，才能克服将它束缚在金属表面的力，从而逃逸出来。按照他的定义，功函数就是电子从金属表面逃逸所需的最小能量，且各种金属的功函数都不相同。如果照射到金属上的光频率太低，那么光量子的能量不足以让电子挣脱束缚，从金属表面逃逸。由此，爱因斯坦得出一个简单方程：从金属表面逃逸出来的电子的最大动能等于该电子吸收的光量子能量减去功函数。美国实验物理学家罗伯特·密立根花费 10 年时间验证了爱因斯坦光电效应方程的有效性，并因此获得了 1923 年诺贝尔物理学奖。

　　顺便，让我们回顾一下光的历史。光，我们每时每刻都在同它打交道。正因为有光的存在，我们才能看到多彩多姿的世界；正因为有光的存在，地球上的生命才能世代繁衍；也正因为有光的存在，我们才能探索宇宙。于是，人们一直怀着极大的兴趣来研究光的性质。光究竟是一种什么东西呢？早在17世纪就有两种可能的假设：粒子说和波动说。从此，物理学上便开始了一场粒子说和波动说的大争论，一争就是一个世纪。

　　1672年，牛顿做了著名的三棱镜分光实验，他发现当一束光通过三棱镜后，就会形成一条含有各种颜色的彩虹，称为光谱。牛顿提出了光的微粒说："光是一群难以想象的细微而迅速运动的大小不同的粒子。"这些粒子被发光体"一个接一个地发射出来"。如同你打开手电筒时，无数光子就像出了膛的子弹一样，笔直地射向远方。牛顿认为光是一种粒子。同时代的胡克、惠更斯则认为光是一种振动波，没有物质性，以波的形式向四周传播，就像往河里扔了一块石头产生水波一样，光也是一种波。

　　波动说也曾占据上风！但由于牛顿是举世瞩目的伟大科学家，他具有无与伦比的学术地位，所以粒子说更容易被人接受。1764年牛顿出版了巨著《光学》，从粒子的角度对光的各种性质作了解释，从此他的粒子说无人敢于挑战。在以后的一个多世纪内粒子说的大旗高高飘扬，而波动说则渐渐被人们淡忘。1801年英国科学家托马斯·杨横空出世，向牛顿发起挑战。在一个月黑风高的夜晚，杨点燃一支蜡烛进行了光的干涉实验。他让光通过两个彼此靠近的针孔投射到屏幕上，结果出现了一系列明暗交替的条纹，这就是让历史永远铭记的干涉条纹（波动性的典型特征）。后来，他又把两个针孔改成双缝，在物理实验中首次引入双缝的概念，这就成为扬名四海的杨氏双缝实验。实验结果震惊了整个粒子学派，纵使牛顿的绝对权威也不得不发生动摇。

1861年，英国物理学家麦克斯韦建立了著名的电磁场方程组。从这个方程组出发，麦克斯韦预言了电磁波的存在。由于电磁波的传播速度和光速十分接近，他提出光是一种电磁波。到1888年，德国物理学家赫兹证实了电磁波的存在。接着，他又证明了电磁波与光一样具有干涉、衍射、偏振等性质，最终确立了光的电磁波理论。这是光的波动说的新形式，是人类认识光的本性方面的一个大的飞跃。至此，光的波动说达到了光辉顶点，终于成为一个板上钉钉的事实，而粒子说似乎无法翻身了。但是，光的波动说不能解释光电效应。爱因斯坦提出光量子概念成功地解释了光电效应，让光的粒子性再次凸显出来，这不是牛顿粒子说的"还魂"吗？爱因斯坦又把光的粒子说给请回来了，迫使科学家重新考虑光的本质。一方面，双缝实验表明光存在着干涉现象，这说明光是波；另一方面又存在着光电效应，这说明光是粒子。那么，光究竟是波，还是粒子呢？这就使物理学家处于十分困难的境地。为了克服这个困难，爱因斯坦于 1909 年 9 月在德国自然科学家协会第 81 次大会上说："理论物理学发展的随后一个阶段，将给我们带来这样一种光学理论，它可以认为是光的波动性和发射性的某种综合。对这种见解做出论证，并且指出深刻地改变我们关于光的本质和组成的观点，是不可避免的。"在这里爱因斯坦提出了光的波粒二象性的概念，即光既有波动性又有粒子性，这才是光的本性。

1916 年，爱因斯坦在《关于辐射的量子论述》论文中，巧妙地将代表粒子性的光子能量公式 $E = h\nu$ 和代表波动性的光子动量公式 $p = h/\lambda$ 联系起来，实现了粒子性和波动性这两种表现形式的统一。可见，爱因斯坦的光子理论并不是以往光的粒子说和光的波动说的简单结合，而是一个伟大的新发现——光的"波粒二象性"。

在量子力学的发展过程中，量子物理学家获得了超过 30 个诺贝尔奖，爱因斯坦是其中之一。他因为提出光量子概念，完美地解释了光电效应并得到实验证实而被追授 1921 年诺贝尔物理学奖。

　　诺贝尔奖是奖励为世界做出杰出贡献的人（受奖者必须在世），于是成为世界上最负盛名的奖项。因为盛名，所以谨慎，因为谨慎，所以不乏保守，因为保守留下笑柄：继牛顿理论之后，人类科学上最高成就之一的相对论竟然没有获得诺贝尔奖。就连瑞典皇家科学院在 1922 年把诺贝尔物理学奖授予爱因斯坦时，只是说"由于他对理论物理学的贡献，更由于他发现光电效应的定律"。在给爱因斯坦的颁奖词中也只字未提相对论。人们对此也许不会觉得遗憾，而只会觉得爱因斯坦的威望已经超过诺贝尔奖。

4

一沙一世界——玻尔原子模型

　　两千多年来，人类努力追寻不可再分的物质基本组分：原子。物理学最基本的使命，就是要令人信服地解释：原子究竟是什么组成的？其实，我们要认识像原子那么小的物质所包含的内容、所包含的结构、所包含的运动，那是一个足以让你穷尽一生去探索的世界。

　　一沙一世界，一花一天堂，原子内部是个缩小的宇宙吗？1911年英国实验物理学家卢瑟福根据他的散射实验结果提出了原子行星模型，在这里，原子核就像太阳，而电子则是围绕太阳运行的行星们（图4-1）。这个模型几乎成为了近代科学的符号，经常出现在书籍封面上。但是，这样的模型是不稳定的。

质子：正电荷

中子，中性

电子，负电荷

图 4-1　原子行星模型

因为带负电荷的电子绕着带正电荷的原子核运转，根据麦克斯韦电磁理论，两者之间会放射出强烈的电磁辐射，从而导致电子一点点地失去自己的能量，它便不得不逐渐缩小运行半径，直到最终"坠毁"在原子核上为止，整个过程只有一眨眼的工夫。换句话说，卢瑟福的原子是不可能稳定存在的，我们的世界也就不存在了。面对这样的困难，卢瑟福勇敢地在伦敦出版的《哲学杂志》上，向所有物理学家宣布他的原子模型，并在文章中毫不讳言地说："关于所提的原子稳定性问题，现阶段尚未考虑进行研究……但是我们的科学事业除了今天还有明天！"然而，当时他的模型根本没有引起学术界的重视，大家对这个模型十分冷淡，这使卢瑟福的满腔期望被一扫而空。

谁是卢瑟福濒临崩溃的原子模型的救星呢？1911 年

9 月来自丹麦的一位 26 岁小伙子尼尔斯·玻尔，并没有因为卢瑟福模型的困难而放弃这一理论，反而对卢瑟福模型很感兴趣。后来，史学家问过玻尔："当时是不是只有你一个人感兴趣呢？"玻尔回答说："是的，不过你知道，我主要不是感兴趣，我只是相信它。"

那么，玻尔如何解决卢瑟福原子模型存在的问题呢？他的创新思想体现在何处呢？他首先想到的是把当时由普朗克所提出的，后又由爱因斯坦所发展的量子观点用到他的模型中来。他认为在原子这种微观的层次上，经典物理理论将不再成立，新的革命性思想必须被引入，这个思想就是量子理论。而要否定经典理论，关键是新理论要能完美地解释原子的一切行为，应当说这是一个相当困难的任务。首先遇到的问题是在量子化的原子模型里如何解释原子的光谱问题。当时，原子光谱对玻尔来说是陌生和复杂的，成千条谱线和各种奇怪的效应，在他看来太杂乱无章，似乎不能从中得出什么有用的信息。正当玻尔挠头不已的时候，他的大学同学汉森告诉他，瑞士的一位中学教师巴尔末提出了一个关于氢原子的光谱公式，这里面其实是有规律的。

什么是巴尔末公式呢？下面用原子谱线波长 λ 的倒

数来表示，则显得更加简单明了：$\dfrac{1}{\lambda}=R\left(\dfrac{1}{2^2}-\dfrac{1}{n^2}\right)$ $(n=3,4,5,\cdots)$，其中 R 是一个常数，称为里德伯（Rydberg）常数；n 是大于 2 的正整数。

巴尔末公式如此简单，却蕴藏着原子结构的精髓与原子光谱的规律，但却一直无人问津。1954 年玻尔回忆道："当我一看见巴尔末公式时，一切都在我眼前豁然开朗了。"真是"山重水复疑无路，柳暗花明又一村"。在谁也没有想到的地方，量子理论得到决定性的突破。

我们再来看一下巴尔末公式，这里面用到了一个变量 n，那是大于 2 的任何正整数。n 可以等于 3，可以等于 4，但不能等于 3.5，这无疑是一种量子化的表述。原子只能放射出波长符合某种量子规律的辐射，这说明了什么呢？我们回顾一下普朗克提出的那个经典量子公式：

$$E = h\upsilon$$

频率 υ 是能量 E 的量度，原子只释放特定频率（或波长）的辐射，这说明在原子内部，它只能以特定的量吸收或发射能量。于是，在玻尔的头脑中浮现出来：原子内部只能释放特定量的能量，表明电子只能在特定的"势能位置"之间转换。也就是说，电子只能按照某些确定的轨道运行，这些轨道必须符合一定的势能条件，从而使得电子在这些轨道间跃迁时，只能释放符合巴尔末公式的能量。关键是我们现在知道，电子只能释放或吸收特定的能量，而不是连续不断的。不能像经典理论所假设的那样，是连续而任意的。也就是说，电子在围绕原子核运转时，只能处于一些特定的能量状态中，这些不连续的能量状态称为定态。你可以有 E_1，可以有 E_2，但不能取 E_1 和 E_2 之间的任意数值。玻尔认为：当电子处在某个定态的时候，它就是稳定的，不会放射出任何形式的辐射而失去能量。这样就不会出现原子崩溃问题了。

玻尔现在清楚了，氢原子的光谱线代表了电子从一个特定的轨道跳跃到另外一个轨道所释放的能量。因为观测到的光谱线是离散的，所以电子轨道必定是量子化的，它不能连续取任意值。连续性被破坏，量子化条件必须成为原子理论的主宰。玻尔用量子概念修改并完善了卢瑟福提出的原子"太阳系"模型（图 4-2），提出了两条基本假设：

（1）稳定性假设。氢原子只能处于一些不连续的稳定状态，这些稳定状态简称为定态，电子只能在确定的分立轨道上运行，此时，并不辐射或吸收能量。

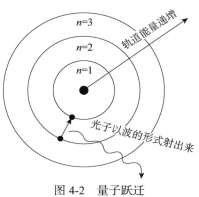

图 4-2　量子跃迁

（2）跃迁假设。玻尔吸收了爱因斯坦的思想，当一个原子从一个能量为 E_i 的定态跃迁到能量为 E_j 的定态时，就产生光的辐射或吸收，辐射频率 υ 与跃迁前后两个定态的能量之间的关系由下式决定：$\left| E_i - E_j \right| = h\upsilon$。从一个定态到另一个定态的变化叫作跃迁。由于跃迁轨道的能量是量子化的，所以辐射或吸收光子的能量也是量子化的，所对应光子的频率也是量子化的，原子光谱的谱线是分离的而不是连续的。玻尔据此对氢原子光谱的波长分布规律作出圆满的解释。后来，玻尔的假设都得到实验证实。

玻尔原子模型成功地解释了许多物理和化学现象，促进了以后的原子能研究，受到爱因斯坦、卢瑟福等人的赞许和肯定，爱因斯坦年迈时还这样评价："即使在今天，在我看来，也是一个奇迹！这简直是思维上最和谐的乐章"。物理世界的和谐统一是历代科学家共同奋斗的壮丽目标。17世纪末，牛顿发现万有引力，把天上、地上的物体间的吸引力统一起来。19世纪，法拉第把电和磁统一起来，麦克斯韦进一步把光和电磁现象统一起来。20世纪初，爱因斯坦把光的粒子性和波动性和谐地统一起来，提出了光的波粒二象性，玻尔提出的关于原子结构的量子化模型又是物理世界和谐和统一的典型例子。

玻尔所有的思想，转化成理论推导和数学表述，并以三篇论文的形式于1913年3月至9月陆续发表在《哲学杂志》上。这三篇论文分别为《论原子和分子的结构》《单原子核体系》《多原子核体系》，这些就是在量子物理历史上划时代的文献，亦即伟大的"三部曲"。鉴于玻尔对量子物理的发展作出了重大贡献，1922年他荣获了诺贝尔物理学奖。

玻尔模型在很大程度上解释了30多年都没有办法解释的原子谱线问题。原来，光谱现象是原子核外的电子从一轨道跳到另一轨道的结果。但依然有许多问题没有解决。

（1）玻尔理论仅限于只有一个电子的氢原子模型，对于拥有两个或两个以上核外电子的原子，它就表现得无能为力。此外，即便是氢原子，玻尔模型只能解释谱线存在的位置，不能解释谱线的强度。

（2）玻尔理论没法解释，为什么电子有着离散的能级（或轨道）和量子化行为，它只知其然，而不知其所以然。玻尔在量子理论和经典理论之间采取了折中主义的路线——用经典力学解释量子化轨道，用量子力学解释电子跃迁。可以说是一次不彻底的原子革命，从而招致了不少非议。不过，玻尔模型的重大意义却不因为其短暂的生命而有任何的褪色，是它挖掘出了量子的力量，为未来的开拓者铺平了道路。

让我们回头来说一下，为什么可以"从一粒细沙看世界"呢？分形理论指出，复杂结构在不同层次上可以展现出惊人的相似。据此观点，宇宙的确在不同尺度上展现出重复性结构。如果你把一个原子放大10^{17}倍，它所表现出来的性质就和一个白矮星差不多。如果放大10^{30}倍，据信，那就相当于一个银河系。也就是说，如果原子放大10^{30}倍，它的各种力学和结构常数就非常接近于我们观测到的银河系。当然，接近并不是说完全相等。这令人想起威廉·布莱克那首著名小诗：

从一粒细沙看见世界。

从一朵野花窥视天宸。

用一只手去把握无限。

用一刹那来留住永恒。

量子具有"双重人格"——我似粒子，又似波

　　光（包括所有量子）究竟是光子还是光波？如果这个问题不解决，整个量子力学根本就不会产生。人类对光的研究发现，有的实验（如光的双缝实验）支持光是波，有的实验（如光电效应实验）支持光是粒子。那么，光究竟是波，还是粒子呢？这成为科学史上长期争论的问题。英国物理学家、诺贝尔奖获得者威廉·布拉格曾表达过这样的困惑：光似乎在周一、周三和周五表现得像波，在周二、周四和周六表现得像粒子，周日待在家里祈求上帝保佑。

　　1924 年，法国一个学文科的半路出家投身物理的年轻人——德布罗意，受到爱因斯坦光的波粒二象性的启

迪，在其博士论文中提出一个更加大胆的思想：正像光具有波粒二象性一样，一切微观粒子尤其是电子，也应当具有波粒二象性！这个想法太美妙，因为如果它是对的话，那么将揭示出所有物质都具有一种新的普适本性——波粒二象性。他借助以下公式导出粒子动量 p 和波长 λ 的关系：

爱因斯坦质能转换公式：$E = mc^2$

普朗克能量子公式：$E = h\upsilon$

动量定义公式：$p = mc$

波长定义公式：$\lambda = c/\upsilon$

由此得到 $\lambda = h/p$，这就是德布罗意公式，即著名的物质波公式。公式表明量子具有波粒二象性的双重特性：作为一个粒子，它具有动量 p（质量 m 与速度 c 的联合量）；作为一束波，它还有波长 λ（波在一个振动周期内传播的距离）。也就是说，动量为 p 的粒子将呈现波长为 λ 的波的干涉效应。二者通过普朗克常数 h 进行等值转换，就像人民币可以按照特定汇率兑换美元一样：

$$人民币=汇率 \times 美元$$

两个字母、一个常数，就是公式的全部内容。大道至简，简到……还有更简单的吗？我们看到，公式本身没有特别申明，这个转换关系对于什么对象、什么范围或什么尺度下有效，因此，它具有普适性，应该适用于宇宙中的所有物质。就是说从光子、电子到每一粒沙、每一座山，都处于粒子性和波动性的叠加态。难道篮球、汽车、电脑、人……都具有波粒二象性？是的，都有，只是宏观物质的波长实在太小了。例如，一个质量为 1 克的物体，以 1 厘米/秒的速度运动，相应的波长为 6×10^{-27} 厘米，远远小于目前实验技术所能测量出来的最小距离。这也小到我们永远都不会观察到自身的波动性。所幸如此，我们走路才能稳稳当当地向前，而不是像醉汉一样摇摇晃晃找不到北。即使所有物体都有波粒二象性，但超过一定限度，其波动性由于波长太小而无法显示出来，于是，就有了我们熟悉的经典世界。

经典物理认为粒子与波是两种截然不同的东西，它们不可能统一到一个物理客体上，两种属性无法同时拥有。这是一种波粒分离的、孤立的牛顿机械式世界观。物质波公式的提出，昭示着世界中的所有事物都具有"粒子"和"波"的两种属性，从根本上动摇了经典观念。

波粒二象性的统一，是一场深刻的科学革命。迄今为止人类实现的所有科学革命，几乎都可以归结为某些

"不相容事物"之出乎意料的统一。例如：

- 天与地统一（哥白尼）：地球不是中心，天空亦非天国。
- 猴与人统一（达尔文）：猴可以变人，人类曾是猴子。
- 苹果与星球统一（牛顿）：苹果落向地球，等于地球落向苹果。
- 电与磁统一（麦克斯韦）：电可生磁，磁可生电。
- 物质能量与时间空间统一（爱因斯坦）：物质是凝聚的能量。
- 数码与物质统一（图灵等）：万物皆比特。
- 波与粒统一（德布罗意）：粒子与波可以兼得。

……

物质波概念指示，量子的粒子性与波动性是亦此亦彼，而不是泾渭分明。于是量子运动同时包含聚集过程和扩散过程，而量子运动的规律则由两种相反力量竞争所决定。聚集过程具有某种"和平性"，它使粒子不得不待在更小的区域中。聚集过程所主宰的世界就是我们熟悉的，可以直接触知的宏观世界，在那里物体只能连续地运动，不必担心真的会出现懂得穿墙术的"崂山道士"。生活在这样一个确定性的宏观世界中，我们的心里很踏实。扩散过程使粒子具有某种"侵略性"，粒子要占领更大的空间区域。扩散过程所主宰的世界就是神秘的、不可直接触知的微观世界，在那里粒子可像幽灵似的同时处于很多个位置，也可以穿过你认为万无一失的铜墙铁壁。

上述分析表明，两种不同的运动秉性——聚集和扩散的结合，将从根本上决定量子运动的规律。聚集令波凝聚为粒子，成为独特的个体，扩散又把粒子揉散为波，就像海面上波浪一样，相互叠加，成为涌现的集体。因此演绎出一个粒子"既在这里又在那里"、一个放射原子"既衰变又没衰变"、一只薛定谔的猫"既死了又活着"……。我们宇宙中的所有物质，不论它远在天际，还是近在身边，不论它是微小的粒子，还是庞大的星体，都是粒子性和波动性的矛盾叠加。这就是大自然隐藏的某种超级真相。

德布罗意预言电子在运行的时候，同时伴随着一个波。两年之后，这个预言被美国物理学家戴维逊和革末用电子来轰击一块金属镍的实验所证实。实验得到电子的衍射图案，无可争辩，板上钉钉，证明电子的波动性。

量子世界不按常规出牌，电子居然是个波！后来，更多的实验接踵而来，进一步证明了不仅限于电子，而且中子、质子、原子、分子等都具有波动性。德布罗意将波粒二象性拓展到整个物质世界的睿智之举使其在物理史上流芳百世。

量子像飘忽不定的幽灵——测得准这个，就测不准那个

　　牛顿力学认为粒子既有位置（或坐标）又有动量（或速度）。它应该始终处于某个地方，并且始终以一定速度行驶。比如，一辆小汽车，无论速度多快，我们都可以在某个瞬间描述汽车的位置和速度，并且根据现有位置和速度，可以推测出未来某个时间点汽车出现的位置。牛顿体系是完全确定性的，没有给不确定性留下任何空间。在这个体系中，粒子在任意给定时刻都具有确定的位置和动量。

　　1927年，海森堡发表了具有历史意义的论文《量子理论运动学和动力学的直观内容》，指出："决定微观粒子的运动状态有两个参数：微观粒子的位置及其速度。

但是永远也不可能在同一时间里精确地测定这两个参数；永远也不可能在同一时间里知道粒子在什么位置、速度有多大、运动方向是什么。如果要精确测定微粒在给定时刻的位置，那么它的运动速度就遭到破坏，以致不可能重新找到该微粒。反之，如果要精确测定它的速度，那么它的位置就完全模糊不清。"这就是著名的测不准原理（或称不确定性原理）。

物体只有运动起来，有速度，才有动量，速度与动量关系密切，海森堡给出了位置和动量存在的某种重大的制约关系：

$$\Delta x \Delta p \geqslant \hbar/2$$

式中，Δ 表示不确定量（标准差），x 代表位置，p 代表动量，$\hbar = h/2\pi$ 是约化普朗克常数。

不确定性原理告诉我们，微观粒子的位置偏差和动量偏差的乘积永远等于或大于常数 $\hbar/2$。也就是说，如果微观粒子的位置越确定（Δx 越小），则其动量就越不确定（Δp 越大）；反之亦然。进一步说，如果粒子的动量完全确定（$\Delta p \to 0$），则其位置就完全不确定（$\Delta x \to \infty$）；反之亦然。总之，微观粒子的位置和动量，不可能同时具有确定的值（Δx 和 Δp，不能同时为零）。也就是说，根据这个原理我们要想精确地测定粒子的位置，就无法测定它的速度；反过来，要想精确地测定其速度，就无法测定它的位置。或者我们折中一下，同时获取一个比较模糊的位置和比较模糊的速度。

海森堡的发现，是对基于经典力学的那些物理概念，如位置和速度，施加了一种应用限制，人们不能再同时谈论粒子的位置和速度。泡利给出一个更有趣的陈述："一个人可以用 p 眼来看世界，也可以用 q 眼来看世界，但是当他睁开双眼时，他就会头昏眼花、一片茫然了。"这里，p 表示动量，q 表示位置。

在任何时候，大自然都坚守一条底线，绝对不让我们有任何机会同时获得粒子位置和动量的精确值。两者是"不共戴天"的。只要一个量清晰地出现在宇宙中，另一个量就以一种模糊不清的面目出现。这不是因为测量仪器不够精确，或者测量时有什么扰动，也不是因为受限于信息收集和计算能力，而是量子本质决定的。

下面我们来看一个更加形象的例子。假设这里有一头大象，从前面看，你能非常清楚地看到大象的眼睛，但却看不清大象的身体；从侧面看，你能非常清楚地看到大象墙壁般的身体，但大象的眼睛我们又看不清楚了。粒子位置和动量的不确定关系就有点像大象：我们可以找一个角度"看清"粒子的位置，让测量粒子的位置有确定值；也可以找另外一个角度"看清"粒子的动量，让测量粒子的动量有确定值。但是，你找不到一个角度能同时"看清"粒子的位置和动量。它们之间有 $\Delta x \Delta p \geqslant \hbar/2$ 这样一个绕不过去的门槛。

我们之所以无法同时看清大象的眼睛和身体，并不是因为测量仪器不够精确，也不是测量时有什么扰动，而是因为大象的眼睛和身体一个在正面，一个在侧面，大象的身体结构决定了我们无法同时看清这两者。这是大象的"固有性质"，跟测量无关，不会因为提高仪器性能不确定性就会消失，即使是性能最优秀的显微镜也无法超越不确定性原理设置的限制，不存在任何改善的空间。

至此，不确定性原理的核心要义有两个要点：

第一，事物两面都是事实，大自然每次只为人类表现其中一面。知道事情的一面，须以不知道事情的另一面为代价。

第二，不管采取直接或间接测量，量子本质属性都是概率，测得准这个，就测不准那个。

不确定性原理的重点是测不准，测不准的重点不是任何事情都测不准，而是不能同时兼顾一对共轭变量都精确。总之，按下葫芦起来瓢，不管你使用什么方法去探测，大自然每次只提供一个精确答案。

　　海森堡还发现另一对共轭变量——能量和时间的不确定关系：

$$\Delta E \Delta t \geqslant \hbar/2$$

即粒子能量不确定性乘以测量这个粒子能量所需要时间的不确定性，结果也跟普朗克常数有关。

　　物理学家发现傅里叶变换可以对量子不确定关系给出完美的数学描述。本来，傅里叶变换是应用于信号处理的一种重要算法。我们观察一个信号，既可以从时域看，也可以从频域看，不同角度看到的信号样子并不一样，它们之间就差一个傅里叶变换。也就是说，对于同一个信号，在时域里长这样，你想看看它在频域里长啥样，进行一个傅里叶变换就行。时域和频域两种表达方式是等效的，且可以相互转换。如果在频域观察信号很清晰，分辨率高，那么，在时域观察就模糊，分辨率低；反之亦然。两种观察方式得到的信号分辨率是不一样的。在工程应用中，我们可以根据实际需要进行选择。量子不确定关系为什么可以由傅里叶变换解释？因为量子本身是用波函数描述的。同一个波函数从位置表象切换到动量表象，它们之间也是差一个傅里叶变换，就跟时域和频域的关系一样的。任何事物都可以分解还原为信号，任何信号都可以分解还原为时域和频域，共轭（成对）变量无处不在，不确定关系四海皆准。

经典力学认为宇宙是一个精确放置、永不停歇的完美机器，日月星辰按照牛顿力学的运动定律在绝对空间与时间中运行。人们在这个绝对时空舞台上面，上演着永不停息的宇宙戏剧。我们只要给出系统的初始状态，通过解动力学方程，就可唯一地决定系统未来任何时刻的运动状态，这就是确定性的机械自然观。然而在量子宇宙中，不确定性原理完全没有给这种决定论留下余地。因为所有理论都必须服从量子力学定律，即必须满足方程 $\Delta p \Delta q \approx h$。霍金说："不确定性原理使拉普拉斯理论，即一个完全决定的宇宙模型的梦想终结。"

海森堡给自己写下了这样的墓志铭："我长眠于此，但我已在别处"。这就是量子论，世界充满了不确定性。

量子的计算路线——三条大路通罗马

量子力学有三种等价的数学表达形式：海森堡矩阵力学、薛定谔波动力学、费曼路径积分，共同构建了量子力学框架。

- 左路：海森堡矩阵力学
- 右路：薛定谔波动力学
- 中路：费曼路径积分

计算是硬道理，诠释是软科学。量子力学长于计算，而拙于解释。引用威尔柴可的话说："粒子物理很多时候是在胡扯，不过至少是用方程胡扯"。

1. 偏粒子的计算路线：海森堡矩阵力学

矩阵力学的思想出发点，是针对玻尔提出的原子结构模型中的许多物理量（如电子轨道、位置等）都是一些不可直接观测的量。反之，海森堡要用可以观测量（如原子光谱的频率、强度等）来描述原子系统。他认为一切都不能臆想，要从事实——唯一能够被观察和检测的事实——推论出来。他有一句名言："如果谁要阐明'一个物体的位置'（例如一个电子的位置）这个短语的意义，那么他就要描述一个能够测量'电子位置'的实验，否则这个短语根本没有意义。"一切靠可观测量说话。这个信条成为矩阵力学的哲学基础，也是量子力学作为一种全新认知范式的基本特征。据此，海森堡的量子计算路线可由两个关键词来解读：

1）可观测性

在玻尔的原子模型中，电子是怎样运动的呢？电子唯一的运动只能在分立的能量态之间跃迁。海森堡认为，所有可观测量都只能从电子在两个能级之间施展的神秘魔法——量子跃迁中获取相关数据。也就是说我们唯一可以观测的只有电子从一个能级瞬间跳到另一个能级时产生的谱线的相对强度和频率。海森堡发明了一种表格可以记录电子在两个能级间跃迁时形成的谱线所有可能出现的频率。举个例子，如果电子从能级 E_2 跃迁到了能级较低的能级 E_1，那么这个过程中形成的谱线频率

由表格中的 υ_{21} 表示。一般情况下，电子在 E_m 和 E_n 两个能级间跃迁会产生频率为 υ_{mn} 的谱线，其中 m 总是大于 n。因此，在这个表格中，υ_{11} 就不可能被我们观测到，因为这代表电子从能级 E_1 "跃迁" 到能级 E_1 时产生的谱线频率，这是不可能出现的物理现象。因此 υ_{11} 就是 0，其他所有 $m=n$ 的频率也都是零。所有非零频率 υ_{mn} 的集合就是原子光谱中真实存在的谱线。这个表格如下：

$$
\begin{matrix}
\upsilon_{11} & \upsilon_{12} & \upsilon_{13} & \upsilon_{14}\cdots\upsilon_{1n} \\
\upsilon_{21} & \upsilon_{22} & \upsilon_{23} & \upsilon_{24}\cdots\upsilon_{2n} \\
\upsilon_{31} & \upsilon_{32} & \upsilon_{33} & \upsilon_{34}\cdots\upsilon_{3n} \\
\vdots & \vdots & \vdots & \vdots & \vdots \\
\upsilon_{m1} & \upsilon_{m2} & \upsilon_{m3} & \upsilon_{m4}\cdots\upsilon_{mn}
\end{matrix}
$$

同理，计算各个能级间的跃迁概率，也能得到另一个表格。如果能级 E_m 与 E_n 之间的跃迁概率 a_{mn} 比较大，那么这种跃迁比那些概率较小的更容易发生。由此产生的频率为 υ_{mn} 的谱线强度，就会高于那些发生可能性较小的跃迁产生的谱线。海森堡通过一系列的理论操作，跃迁概率 a_{mn} 和频率 υ_{mn} 就能变成牛顿力学中各已知可观测量（如位置和动量）的量子对应版本。海森堡认为物理世界就是由这些表格构筑的，他坚定地沿着这种奇特的表格式道路去探索物理学的未来。其实，这张二维表格就是矩阵。海森堡当时并不知道，他发明的数学手段叫矩阵，但是在19世纪矩阵就已经问世了。所以有人讽刺地说，一个不懂矩阵为何物的人却建立了矩阵力学。

2）非对易性

经典力学用六个实数描写一个粒子的状态。这六个数，三个数负责粒子的位置，三个数负责动量。但是在微观世界中，对粒子状态如此描述就是错误的。量子力学告诉我们，描写粒子的位置和动量这些物理量，根本不是数，而是矩阵。在这里，动量 p 和位置 q 这两个物理量不遵守乘法交换律，也就是说：电子动量×电子位置≠电子位置×电子动量，这是什么原因？很明显这个公式代表先测电子位置，再测电子动量，与先测电子动量再测电子位置，其结果是不一样的，而这又说明什么呢？这是因为观测电子位置的行为影响到电子动量的数值，反过来也一样。这叫做非对易性。也就是说，经典力学常用的动量 p 和位置 q 这两个物理量也要变成矩阵表格，它们并不遵守传统的乘法交换律，$p×q≠q×p$。两个矩阵相乘时，结果与矩阵的顺序有关。玻恩和约尔丹甚至把 $p×q$ 和 $q×p$ 之间的差值也算出来了，其结果是

$$p \times q - q \times p = \frac{h}{2\pi i} I$$ （式中 I 为单位矩阵）。非对易性——

$p \times q$ 不等于 $q \times p$，背后隐藏的正是大自然的不确定性本质。如果 $pq - qp = 0$，也就是说没有不确定性，没有量子世界了。

现在，原有的乘法交换律被破坏了，但用 $h / 2\pi \mathrm{i}$ 代替 0 之后，又重建了一种量子力学新关系。新关系中已包括普朗克常数 h，因而打上量子化的烙印，经典力学的牛顿运动方程被矩阵形式的量子方程所代替，成为量子力学的第 1 个版本。许多传统的物理量，现在都要看成是一些独立的矩阵来处理。从数到矩阵，这真是神来之笔。

2. 偏波动的计算路线：薛定谔波动力学

简单地说，薛定谔方程式用波动力学来描述量子粒子的运动。方程式怎么来的呢？费曼说："我们可以从哪里得到薛定谔方程呢？不可能从你知道的任何东西得到它。它来源于薛定谔的思想。"

事实上，薛定谔方程并不是推导出来的，而是源于薛定谔思想的四次跃迁：

- 以"熵"为关键词的玻尔兹曼热力学
- 以"力"为关键词的牛顿力学
- 以"能量"为关键词的拉格朗日力学
- 以"动量"为关键词的哈密顿力学

第一次跃迁：从熵状态跃迁到量子状态。

量子物理也要从经典物理开始，玻尔兹曼公式在描写微观物理状态方面意义非凡。薛定谔的科学直觉认为，它值得尝试用于描写微观世界的量子状态。

$$S = k \log W$$

式中，S 为熵（无序程度），k 为玻尔兹曼常数，W 为微观状态数。经自然对数变换，即得到概率波：

$$W = e^{S/k}$$

亿万个亦真亦幻的量子分布在整个时空，也应遵循熵的演化规律，由熵公式来描述。

第二次跃迁：从经典的波，跃迁到量子的波。

波的本质是具有周期性，而描写周期性的数学利器是正弦函数和余弦函数。考虑欧拉公式 $e^{ix} = \cos x + i \cdot \sin x$，前述指数函数中的变量，需要加上虚数因子 i 以表示为波动。同时热力学的玻尔兹曼常数 K，也应替换为量子力学的约化普朗克常数 $\hbar$。一添一改，即得：

$$W = e^{iS/\hbar}$$

第三次跃迁：从熵概念 S，跃迁到作用量概念 S。

玻尔兹曼公式的 S 原本表示熵，现在薛定谔的科学直觉将其理解为作用量 S。薛定谔知道，经典力学有一个量纲为作用量的函数 S，以及 S 应该满足的哈密顿-雅可比方程：$\partial S/\partial t + H = 0$。把上述 W 的表达式代入其中，经微分运算得到：

$$i\hbar\frac{\partial W}{\partial t} = HW$$

第四次跃迁：从无序概念 W，跃迁到波函数 ψ 概念。

鉴于 W 已经不再是表示无序程度的物理量，薛定谔将其改写为样子相似的符号 ψ。哈密顿力学量 H 的意义也已改变，在经典力学中是一个量，在量子力学中是算符，应当改为 $\hat{H}$。最终方程从外表到内涵都焕然一新：

$$i\hbar\frac{\partial \psi}{\partial t} = \hat{H}\psi$$

这个公式后来被刻在薛定谔墓碑上，它将名垂千古。

薛定谔构造出一个以波函数 ψ 为核心概念的公式，这个公式对于任何系统，从一个电子到整个宇宙，都可以用波函数 ψ 来表达，但是，他本人却没有完全理解更不能准确解释 ψ 的意义，所以有"薛定谔自己都搞不懂的薛定谔方程"一说。当时有一首诙谐的小曲总结了薛定谔面对的形势：

埃尔温靠他的波函数，

做了好些计算。

但还有一件事没明白：

波函数到底是什么？

1926 年，德国物理学家玻恩提出波函数的统计解释，ψ 才逐步放射出诡异而耀眼的光芒。

波函数是空间和时间的函数 $\psi(x,y,z,t)$，它的解就在三维空间 (x,y,z) 加一维时间 t 的时空结构里。但我们不知道它究竟在哪里，只知道它在四维时空里的概率分布。玻恩认为，物质波并不像经典波一样代表实在的波动，只不过是指量子粒子在空间的出现符合统计规律：我们不能肯定粒子在某一时刻一定出现在什么地方，我们只能给出这个粒子在某时某处出现的概率，因此物质波是概率波，物质波在某一地方的强度与在该处找到粒子的概率成正比。波函数绝对值 $|\psi|$ 越大的位置，发现粒子的概率就越大，波函数绝对值的平方 $|\psi|^2$（这个数值一定是实数）必须是粒子出现的概率密度。这被称作"波函数的统计解释"。

波函数的统计解释奠定了量子力学的理论基础，它向人们展示了一个不确定的量子世界，在这个世界中代表概率的波函数主宰着一切。除了概率，我们不可能知道关于它的更多事实。而概率的数学特点是：高的部分高不过百分之百，低的部分低不过零。然而，波动力学的创立者薛定谔却始终不能容忍量子力学的统计解释。他总是希望能够回到经典物理学上，因为他认为波动方程是确定性的，跟随机无关。也许正是由于具有确定性形式的薛定谔方程一叶障目，他才不能看见不确定性的茂密森林。同样，对量子论的创立作出过重大贡献的爱因斯坦，也一直反对量子力学的统计解释。1926 年他给玻恩的信中说："我无论如何都相信，上帝不掷骰子。"

骰子是什么东西？它应该出现在澳门和拉斯维加斯的赌场中。但是物理学？不，那不是它应该来的地方。骰子代表了投机，代表了不确定性，而物理学是一门最严格、最精密的科学。但是，当玻恩将统计引入薛定谔的方程之后，概率这一基本属性被赋予量子力学，标志着一统天下的决定论在 20 世纪悲壮谢幕！

3. 基于最小作用量的计算路线：费曼路径积分

在经典的物理中有一个名词——作用量。它表示一个物理系统内在的演化趋势，它能唯一地确定这个物理系统未来的走向。我们只要设定系统的初始状态和最终状态，那么系统就会沿着作用量最小的方向演化，这称为最小作用原理，这是一个充满哲学含义的物理原理，是宇宙所有物质、能量、时间、空间，都要服从的"经济法则"。比如，光在空气中走直线，因为直线最短、最省力。当光从空气进入水中传播时，遇到介质的阻挠，如果还坚持走原来路线的话，就必须付出额外的能量，这时光子能在瞬间决定在水中的折射率是多少才是最短路径。

美国物理学家费曼基于最小作用原理的灵敏，提出了一种波函数"路径积分"的数学方法，成为一座连接经典力学与量子力学的新桥梁。

路径积分是一种对所有空间和时间求和的办法：当粒子从 A 地运动到 B 地时，它并不像经典力学所描述的那样，有一个确定的轨道。相反，我们必须把它的轨迹表达为所有可能的路径的叠加！在路径积分计算中，我们只需要给定粒子的初始状态和最终状态，而完全忽略它的中间过程。对这些我们并不关心的事情，我们简单地把它在每一种可能的路径上遍历求和，精妙之处在于，最后大部分路径往往会自动消掉，只剩下那些被量子力学所允许的轨迹。

路径积分法跟其他方法的本质区别在于，它不是对概率进行筛选，而是对概率进行求和，不是挑选可能性最大的那一个，而是对各种可能性进行加权抵消后得到的那一个。关于路径积分，霍金有一个"墨迹比拟"：一

滴墨水落在纸上的 A 点，墨迹四下弥散开来，并将浸湿到 B 点。即使在 A、B 两点之间切开一个口子，墨水也可能会绕过口子前进绕道至 B 点。墨水的每一条细细印迹，都是量子粒子可能的历史。对于一个量子粒子来说，现实的历史就是从 A 到 B 那条最深的印迹。这些墨迹线路有深有浅、有左有右、有进有退、有直有弯，把所有墨迹线路综合起来，平均、抵消、叠加，然后剩下一条主线，那就是我们看见的实际路线。

自从薛定谔提出波动方程之后，人们认为肯定有一个量子力学是多余的，我们只需要一种量子力学。由于薛定谔在波动力学中回避了那些物理学家看来是陌生而神秘的矩阵，用到的不过是微分方程，而这是每个物理学家都必须掌握的数学工具。因此，物理学家怀着巨大的热情欢迎波动力学，并快速学习使用。初看起来这两种量子力学在形式和内容上都是完全不同的。一种使用的矩阵代数，另一种应用了波动方程；一种描述的对象是粒子，体现的是非连续性，另一种描述的对象是波，体现的是连续性。然而，这两者在数学上竟然是等价的。因此，把它们应用于同一问题时得到完全相同的答案。

量子除了或粒或波的形态之外，还有第三种形态：场。场虽然看不见摸不着，但却是一种具体的物质存在。电视机与遥控器之间存在电磁场，地上苹果与天上星星之间存在引力场……。场不能还原为任何粒子，它永远不会上榜元素周期表，但每一种基本粒子都对应一个场。量子场论认为，双缝实验光源与探测屏幕之间存在一个量子场。如果光子从 A 点出发，通过窄缝 S_1 的概率与通过窄缝 S_2 的概率，加起来就是到达 B 点的概率。再开一个窄缝 S_3 呢？那么还得加上通过 S_3 的概率。如果开凿无穷多个窄缝呢？那就应该把通过所有窄缝的概率加起来。这就是路径积分的基本思路。从 A 点到 B 点之间的路径有无穷多条，我们必须把所有可能的路径叠加，因此传播子的表达式为某种积分求和：

$$\text{从 } A \text{ 到 } B \text{ 的传播子} = \sum_{\text{所有路径}} e^{iS/\hbar}$$

式中，$\sum$ 表示积分求和，S 为作用量，$e^{iS/\hbar}$ 表示每条路径对传播子的贡献，等式右边即是对所有路径求和。费曼证明他的路径积分其实和海森堡的矩阵方程及薛定谔的波动方程同出一源，是第三种等价的表达量子力学的方法。

通过路径积分的定义可知，小到一个物体、一个人，大到一个复杂巨系统，连接两种状态之间的路径可以有无数条，理论上可以覆盖任何可能的复杂运动形式。而对各种可能性进行加权抵消，是一种相对简单直观的计算形式，在很大程度上解决了传统方法求解过程的晦涩难懂及可解释性差的问题。因此，路径积分的思想已经在许多物理学以外的领域中大显身手。

这里举一个应用的例子：对于一座大型城市，它的人口规模可以达到百万甚至千万级别，在这座城市中，每天都有大量社会成员的迁徙与移动，因此，交通拥堵、通勤时间过长容易成为"大城市病"。在如此大的时空尺度下，作为社会成员的"个人"可以被看作是一个个"微观粒子"。路径积分模型就可以用来模拟城市中任意两点之间的最优路径的涌现。借鉴蒙特卡罗方法的思想，此处给出模拟思路：

（1）将出行者运动的起点和终点分别设置为 x_1 与 x_2，用任意一条可行路径连接 x_1 与 x_2，形成路径 $x_1 \rightarrow x_2$。

（2）在这条 x_1 与 x_2 之间的路径上任意找一个位置 x' 进行修改，形成一条新路径 $x_1 \rightarrow x' \rightarrow x_2$，计算新路径的作用量 S。

（3）如果新路径产生的作用量（路径阻抗、行程时间等）小于旧路径，接受新路径，否则，依概率 $e^{-\Delta S / \hbar}$ 接受新路径，其中 ΔS 为新旧路径的作用量之差。

（4）大量重复上述步骤（2）（3），各种路径的可能性进行加权抵消，最终最优路径得到涌现。

8

量子力学是黑板上的符号，还是实验室的事实——双缝实验

　　量子力学的研究已经一个多世纪了，有没有可能根本上就是一场骗局？怀疑不等于证明，最好用实际行动来证明。英国科学家欧文·马罗尼说："如果我们告诉大众量子力学很奇怪，最好就用实际行动来证明这一点，不然这就不是科学，只是黑板上解释一些花里胡哨的符号罢了。"

　　最好的行动是双缝实验。双缝实验被称作世界十大经典物理实验之首，这个实验证明了微观粒子具有波粒二象性，为量子理论的建立奠定了实验基础。美国著名物理学家费曼说："量子力学的任何情况都可以用一句话解释：还记得两个缝的实验吗？""仔细思考双缝实验的

意义，我们就能一点一滴地了解整个量子力学。透过双缝实验，我们可以证明量子世界的真谛。"

双缝实验最早由英国科学家托马斯·杨于 19 世纪初提出，比量子力学的建立还早 100 多年。那时，波粒二象性的矛盾本质还不为人所知，波动说与粒子说各执一端，"波粒之争"，一争就是一个世纪。后来 100 多年，双缝实验的各种升级版、加强版、"鬼怪版"不断涌现，这就揭开了隐藏在量子世界的主要秘密。

量子微观不可见，这使得实验观察和操控比绣花还艰难多了。这里舍去技术细节，直奔主题，只讲双缝实验的基本问题。

● 实验目的：调查波粒二象性。

回答量子力学的基本问题：量子究竟是波还是粒？

什么情况下是波，什么情况下是粒？

● 实验原理：设置双缝机关，考察干涉效应。

设置一盏灯；一块凿有两条窄缝的挡板；一面感光屏幕。如果是光波，屏幕将显示黑白交替的斑马条纹；如果是光子，屏幕将显示两条光带。

● 实验焦点：量子的路径信息。

是否观察量子的路径信息，决定实验结果。量子自行通过者表现为波，量子被探测后通过者表现为粒。

● 实验争议：观测与意识的关系。

人类意识有没有发生作用、有多大作用？

（1）首创版：光的双缝实验

托马斯·杨的双缝实验比较简单（图 8-1）：把一支蜡烛放在一张开了一个小孔的纸片前面，这样就形成了一个点光源（从一个点发出的光源）。然后在纸片后面再放一张开了两道平行狭缝的纸片。光从第一张纸片的小孔中射入，再穿过后面纸片的两道狭缝投影到屏幕上，就会形成一系列明、暗交替的条纹，这就是现在众人皆知的干涉条纹。

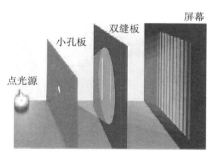

图 8-1　光的双缝干涉实验

我们知道，普通的物质是具有叠加性的，一滴水加上一滴水一定是两滴水，而不会一起消失。但是波动就不同，一列普通的波，它有着波的高峰和波的谷底。如果两列波相遇，当它们正好都处在高峰时，那么叠加起来的这个波就会达到两倍的峰值，如果都处在谷底时，叠加的结果就会是两倍的谷值。但是，如果正好一列波在它的高峰，另外一列波在它的谷底，它们在相遇时会互相抵消，在它们重叠的地方既没有高峰，也没有谷底，将会波平如镜。如图 8-2 所示，这就是形成一明一暗条纹的原因。明亮的条纹，是因为两道光的波峰或波谷正好相互增强；而暗的条纹，则是因为它们的波峰波谷正好互相抵消了。

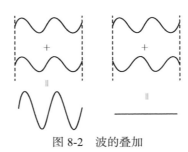

图 8-2　波的叠加

　　杨的双缝实验撼动了牛顿长达一百多年的光粒子说的统治地位，成为光波动说再次确认的有力证明，其意义非同凡响。但是，当杨第一次正式公布自己的实验成果时，却因挑战了牛顿的粒子说而在各类出版物上饱受恶毒攻击。杨为了自我辩护写了一本小册子，试图让所有人都了解他对牛顿的看法："然而，虽然我无比尊崇牛顿之名，但我不必因此而认为他永远正确。通过这个实验，我意识到牛顿也会犯错，而且他的权威有时甚至会阻碍科学的进步，此时我的心情并非狂喜，而是遗憾。"结果，他的这本小册子只卖出一本。

今天，双缝干涉实验已经写进了中学物理的教科书中，在每一所中学的实验室里，通过两道狭缝的光依然不依不饶地显示出明暗相间的干涉条纹，不容置疑地向世人表明光的波动性。

（2）升级版：电子的双缝实验

随着量子力学的建立，人们深入到粒子世界，物理学家把光的双缝干涉实验由光子变成了电子，重复这个实验。虽然电子跟光子一样都是微观粒子，不过比起光子，电子的"粒子"性更强。

实验装置如图 8-3 所示，物理学家把一束电子从电子枪发射出来，经过一段路程后抵达双缝。这时，电子概率性地穿过双缝板，最后落到后面的屏幕上，过程结

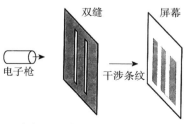

图 8-3　电子双缝干涉实验

束。当电子束不断重复射入时，屏幕上也出现了像光一样的干涉条纹，由此强有力地证明了电子是一种波。

电子双缝干涉现象可以这样来描述：

1）当电子枪发射的电子到达双缝的时候，初始波函数就给定了，它就是经过双缝射出的两束波函数的叠加。

2）波函数按照薛定谔方程演化。到达屏幕上任意一处的波函数，等于穿过左右两个狭缝的波函数之和。如果两束波函数交会在一起，由于两条路径长度不同，它们到达屏幕时的相位差可能会有差别，造成屏幕上波函数的振幅在有些位置加强，在另一些位置消减，所以波函数就形成明暗相间的条纹。

3）屏幕起到测量位置的作用，根据玻恩的波函数统计解释，在屏幕上各处发现电子的概率正比于该处波函数模的二次方。单个粒子只会留下孤立的亮斑，如果不断发射大量电子，那么在统计意义上可以表现电子的波动性。

电子双缝实验同样具有非凡的意义，它说明"粒子"性更强的电子也同光一样具有双缝干涉现象。早在1801年，光的双缝干涉现象就已经被托马斯·杨所发现。但是，在此后长达160年里，双缝干涉现象仅仅在光学实验中观察到。由于技术上的原因，电子的双缝实验还只是一个思想实验。直到 1961 年，电子的双缝实验才首次完成。实际上，双缝实验同样可以用其他微观粒子，甚至原子和分子来完成。因此，双缝干涉实验为微观粒子的波粒二象性提供了有力的证据，这是量子力学的一次颠覆性认识。

（3）加强版：单个电子的双缝实验

人们猜测电子双缝实验会出现干涉条纹，是由于一束电子里包含有许多电子，它们被同时发射所形成的。因为大量电子在双缝附近拥挤在一起，电子之间会有相互作用，因此产生了干涉现象。如果电子不是被成批发射的，就不应当看到干涉条纹。为了证实这种想法，于是提出了单个电子的双缝干涉实验。

实验装置如图 8-4 所示，一支能逐个发射电子的电子枪，将电子一个个地射向双缝挡板，并且只有当前一个

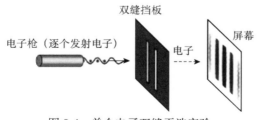

图 8-4 单个电子双缝干涉实验

电子到达屏幕之后再发射后一个电子，以确保互不相干。但是，经过一段时间逐个发射电子之后，奇迹发生了，屏幕上依然出现了明暗交替的干涉条纹！

这个实验告诉我们：微观粒子的干涉现象并非是由密集的粒子之间的相互作用造成的。那么，单个电子又同谁发生干涉？难道一个电子能以奇特的分身术通过双缝，自己与自己发生了干涉？这也太困惑了！

究竟什么东西穿过了双缝？不是单个电子本身，而是它的波函数 ψ。单个电子不可能分成两半，因为电子是基本粒子，不可再分。更直接的原因是，电子是一个一个而不是半个半个地落屏。所以我们只能推断，单个电子的波函数分了两束：$\psi = \psi_左 + \psi_右$，它们同时通过两条狭缝而发生干涉。

波函数有两个特征：

● 无限弥散。独立自主的量子，以概率波的形式分布于全宇宙时空。

● 瞬时收缩。不管扩散多远，不管分布多少，波函数坍缩总是瞬时发生，电子落屏，各点的概率全部收回，干涉图形的疏密浅淡，精确反映概率分布。

（4）观察介入方案：带探测器的单个电子双缝实验

在单电子双缝干涉实验中，为了排除外界的干扰，选择在封闭的真空内进行，所以无法观察到单个电子如何通过双缝，然后投射到屏幕上的。为了观察到这一点，实验时在盒内装上探测装置（如摄像镜头），以便拍摄单个电子是通过哪条狭缝而形成干涉的（图8-5）。但匪夷所思的事情发生了：干涉条纹消失了，只留下两条明亮的条纹，电子规规矩矩地表现出粒子性；取出摄像镜头再实验，明暗相间的干涉条纹又有了，电子表现出波动性。反复实验都是如此，不论谁做，在什么地方做，结果都是一样的。

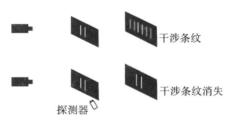

图8-5　带探测器单电子双缝实验

　　真是令人难以置信，不可思议了！电子双缝干涉现象就像羞涩的少女，根本不让你"看"，电子似乎有眼睛和意识，只要你在"看"它，它就可以察觉，改变自己的路径，表现出不同的结果。

　　这个实验正好说明波粒二象性的互补原理，如果观测，粒子给你展现的就是粒子性，并且波动性就退化了；而如果不观测，那么粒子的波动性就又会出现，并且粒子性退化了。这个实验旗帜鲜明地给出这样的结论——观察影响实相。

（5）延迟介入方案：单光子延迟选择实验

1979 年，是爱因斯坦 100 周年诞辰，在他生前工作的普林斯顿召开了一次纪念他的讨论会。在会上，爱因斯坦的同事约翰·惠勒提出一个延迟选择实验，它旨在说明，实验者现在的观测行为在某种意义上可以影响量子过去的行为。这是一个令人吃惊的构想。

前面的观察介入方案，量子因其路径信息被"看见"，而改变干涉行为。这个说法涉嫌唯心主义，不合科学道理，我们怀疑探测行为暗中破坏了什么。为了规避干扰，我们把图 8-5 中的探测装置从双缝挡板前面挪到双缝背后（就好像马车放在马的前面，本末倒置），也即设置在双缝挡板与探测屏幕之间。这样，光子接受探测的时候，是骡子是马已经拉出来遛了，探测装置想要换骡换马也来不及了，那么结果怎样呢？

结果偏偏还可以换！具体情况取决于探测器的开关是打开还是关闭：选择开，则光子的路径信息被探测，然后进入粒子结局；选择关，光子的路径信息不被探测，然后进入干涉结局。换言之，那些已经通过双缝的光子，它们刚才究竟是以波的阵形通过双缝的，还是以粒子的队形蹦过双缝的，关于这一点，我们刚才没有探测所以不知道，但是可以现在作选择。最终结果，此方案的马后炮选择与前方案的事前选择，是等效的。

这个实验结果实在是太匪夷所思了。由于光子在被探测前已经通过了双缝，光子过去的行为怎么由观察者现在的行为所决定呢？也就是说，量子力学中的延迟选择实验打破了经典力学中的客观因果关系，导致了因果关系的颠倒。

在惠勒的构想提出 5 年后，马里兰大学的卡罗尔·阿雷和其同事当真做了一个延迟选择实验，其结果证明，我们何时选择光子的"模式"，这对于实验结果是无影响的！

各个版本的双缝实验，讲的是经典力学"不可能"出现的传奇故事：不可能的波粒二象性的矛盾叠加、不可能的自我干涉、不可能的观察影响实相、不可能的因果关系倒置……。但实验结果验证的都是事实。实验事实是我们一切发现、解释、相信、怀疑的根本基础。当理论与实验不一致时，只能退回到实验事实重新出发。

为什么双缝实验一次又一次颠覆我们的认知呢？费曼说，双缝实验所展示的量子现象不可能、绝对不可能以任何经典方式来解释，它包含了量子力学的核心思想。事实上，它包含了量子力学的一切奥秘：量子尺度的世界里，事实本身就是这个样子。爱尔兰科学家约翰·贝尔有一本著作《量子力学中的可道与不可道》，书名很有趣，正所谓"道可道，非常道，名可名，非常名。"

虚数不虚——量子世界是复数世界

　　量子计算有三个核心元素：普朗克常数 h，波函数 ψ 和虚数 i。我们已经了解 h、ψ 的物理数学意义，那么 i 为什么也是必要的？

　　何谓虚数？比"没有"还少的东西是负数，比负数还"少"的又是什么呢？虚数啊！虚数代号为 i，定义为 –1 的平方根，即 $i = \sqrt{-1}$。–4 平方根是 2i，–9 的平方根是 3i，–16 的平方根是 4i，以此类推。因为负数不能开方，所以称为虚数，也即 $\sqrt{-1}$ 的解并不实际存在。然而，量子不仅有实的可探测性质，也有虚的不可探测性质，有鉴于此，数学对量子的描述，需要用实数和虚数的组合——复数（$a + ib$），即虚实结合之数，就是一件合情合理的事情。

在经典物理中，一切物理量都是可以测量的，而可测量的量里面怎么会有虚数呢？人们只用实数就可以写出所有定律。但为了计算方便，有时也要用到复数，比如电流计算，信号处理等。但复数只是作为一种辅助工具，最终是可以消除掉的，计算结果仍然使用实数。而在量子物理中，复数究竟是一种数学技巧，还是客观实在，一直没有答案。如果我们不用复数，而只用实数来描述量子世界，是可行的吗？这个问题长期以来一直令人困惑！

虚数的本质是什么？微积分的创始人之一，莱布尼茨认为："虚数是美妙而奇异的神灵隐蔽所，它几乎是既存在又不存在的两栖物。"后来人们惊奇地发现，这个既存在又不存在的数学精灵，可以很好地描述一个似物非物，且实且虚的物理对象：量子。

我们知道量子的数学身份是波函数，而波函数与周期性相关，周期性与旋转相关，旋转的函数与三角函数相关，三角函数的旋转性质与虚数相关。伟大的欧拉公式：$e^{ix} = \cos x + i \sin x$，表明三角函数的数学结构"内置"虚数 i。因此，虚数成为量子数学结构不可或缺的关键元素。如遇不含 i 的量子公式，则跟不含 h 差不多，你要小心遇到了假的量子力学公式。

　　1926 年，薛定谔在建立波动力学方程的时候，波动
光学已经有了，他参照波动光学的模型，写出了粒子运
动的微分方程，但这个方程没有任何物理上的意义。正
当薛定谔的想法似乎山穷水尽时，意外发生了。薛定谔
将 −1 的平方根放入方程中时，复数形式的波函数瞬间变
得有意义了。检验方程成功的最简单方法是氢原子必须
能够得出玻尔模型的理论结果，也就是玻尔模型的量化
轨道的解。薛定谔方程成功了，它能够正确地描述我们
所知道的原子所有行为！

　　采用 −1 的平方根意味着自然界依复数而非依实数运
行。虽然很多科学家也曾不断尝试用各种不引入复数的
方法来描述量子力学，但是并没有成功。事实上，薛定
谔并不喜欢 i，经典物理图像里，波就是波，与 i 不搭
界，用 i 只是数学花招。但复数形式波函数的发现，让薛
定谔也让所有人大吃一惊，他们没有料到自然界已走在
前头了。薛定谔方程为：

$$H\psi = i\hbar \frac{\partial \psi}{\partial t}$$

式中，i 为虚数符号，$\hbar = h/2\pi$ 为约化普朗克常数，ψ 为
波函数，H 为哈密顿算符。

　　由薛定谔方程可以解得一个自由粒子（即粒子所受

的势场为 0）的波函数：

$$\psi(x,t) = \exp\left[\frac{\mathrm{i}}{\hbar}(pE - Et)\right]$$

它是一个复数，式中 $p = mv$ 是粒子的动量，$E = p/2m$ 是粒子的能量。只有薛定谔方程中包含虚数时，波函数方能成立。那么粒子（如电子）不仅在三维空间绕原子核振动，还在一个虚拟的维度里绕原子核振动。大自然真奇妙！

请读者注意式中的那个虚数单位 $\mathrm{i} = \sqrt{-1}$，它在现实世界中不存在经典对应，表明函数 ψ 是"不可观察量"。读者会问：式中的 p 和 E 难道不是"可观察量"吗？回答是"既是又不是"。在测量之前，它们在公式中含有 i 的指数里隐藏着，决定了 ψ 看不到，p 和 E 也看不到。但一旦测量时，它们便转化为实际可观察量。这一转化过程如何实现的呢？量子力学告诉我们，是通过一个动量算符 $\left(\hat{p} = \mathrm{i}\hbar\dfrac{\partial}{\partial t}\right)$ 作用到 ψ 上把动量 p（或能量 E）取出来的。例如作用到自由粒子运动的波函数上，通过数学上求偏导数可得：

$$-\mathrm{i}\hbar\frac{\partial}{\partial t}\psi(x,t) = -\mathrm{i}\hbar\lim_{\Delta x \to 0}\frac{\psi(x+\Delta x,t)-\psi(x,t)}{\Delta x} = p\psi(x,t)$$

它表明右端的 p 乃是一种转换过程的结果：我们通过测

量把原来看不见的 ψ 推一下，即让它在空间"平移"一个小距离 Δx，然后把 ψ 的变化用 Δx 去除一下，可观察的 p 便冒出来了。所以，人们常说：一个经典物理学中的物理量如 p，到了量子力学中便要化为一个算符 $\hat{p} = -\mathrm{i}\dfrac{\partial}{\partial t}$。所以，有学者认为，量子力学好比是一座大厦，支持这座大厦的两块"基石"是波函数和算符。前者包括了量子运动所形成的全部信息，后者将希尔伯特的算子理论引入到量子力学中。把这一物体系从数学上严格化。

在量子力学中，复数从始至终都是必不可少之物：理论上，作为量子力学基石的薛定谔方程和海森堡非对易关系 $p \times q - q \times p = h/2\pi \mathrm{i} I$（$I$ 为单位矩阵），都是依赖复数写出来的；实验上，虽然我们不可能观察到波函数本身，但是可以直接测量到波函数 ψ 的实部和虚部，其模的平方 $|\psi|^2$ 就是实数，它代表粒子（如电子）出现的概率密度。这说明复数不是一个主观引入的计算符号，而是可以实验检验的物理实在。

2021 年 1 月 3 日，中国科学技术大学潘建伟、陆朝阳和朱晓波组成的研究团队，基于自主研发的超导量子体系，首次对量子力学中复数的必要性进行了实验检验。实验结果以超过判据 43 个标准差的精度，证明实数无法完整描述标准量子力学，确立了复数的客观实在性。

2021 年 10 月，南方科技大学的范靖云研究团队，在光学体系上进行复数检验实验。实验结果以超过判据 4.5 个标准差的精度，证明了量子力学需要复数表述。

杨振宁先生早在台湾"中央大学"的一次演讲中，也提到虚数 i 在量子力学发展中的重要作用。他认为 i 应该不只是一个工具，更是一个基本观念。但为什么基础理论必须引入 i 却没有人知道，还会吸引着物理学家继续追问下去。

现在，两项基于相同理论设计的新实验表明，一个遵循量子力学法则的理论，的确需要复数来描述其真实世界。这一方面表明量子既属于现实世界，因为它有实部，在实数轴上有投影 a；另一方面也属于超现实世界，因为它有虚部，在虚数轴上有投影 b。据此，复数可以帮助我们解释更多量子异象，并且避免许多源于表面的争辩和唯象描述。

量子世界，隔山可以打牛——
EPR 悖论的上帝裁决

　　1935 年，爱因斯坦（Einstein）、波尔斯基（Podolshy）和罗森（Rosen）三人（简称 EPR），在《物理评论》发表《量子力学对物理实在的描述可能是完备的吗？》一文，向玻尔的哥本哈根解释提出某种"完备性"质疑：量子力学违背了定域性和实在性，断言量子力学虽然未必是错误的，但至少是不完备的，也许还有某些隐藏因素（隐变量）未被发现。

　　何谓完备性？EPR 三人认为，在衡量特定物理学理论取得成功时，有两个问题必须得到明确的"是"的答案。这两个问题是：这个理论是否正确？这个理论给出的描述是否完备？

  EPR 作者说："我们通过实验和测量的形式来判断理论的正确性。"到此为止，实验室中开展的实验与量子力学理论预言还没有出现任何矛盾。因此，量子力学似乎确实是一个正确的理论。然而，爱因斯坦认为，只是理论正确（与实验结果相符）是不够的，它还必须完备。

  EPR 论文还给物理学的完备性施加了一个必要条件："物理实在的每一个元素都必须在完备物理学理论中存在对应部分。"换句话说，一个完备的物理理论必须能够准确描述物理实在的每个元素。而体现"实在元素"的标准是："如果在系统没有受到任何干扰的情况下，我们能确定地（也就是概率等于 1）预言某物理量的值，那么与这个物理量对应的物理实在元素存在。"EPR 还用一个思想实验（EPR 悖论）证实他们的论断。实验内容是设想一个母粒子（如 π 介子）衰变而生成一对孪生粒子 A 和粒子 B。由于一胞所生，这两个粒子之间产生位置关联和动量关联。然后爱因斯坦论证道，由于通过对粒子 A 的位置测量可以知道粒子 B 的位置，而根据相对论的定域性假设，这一测量不会立即影响粒子 B 的状态，从而粒子 B 的位置在测量之前是确定的。同理，粒子 B 的动量在测量之前也是确定的。于是粒子 B 的位置和动量在测量之前都具有确定的值，而一个完备的理论应当同时给出粒子 B 在测量之前的位置值和动量值，但量子力学只能给出关于这些值的统计信息。因此，量子力学是不完备的。薛定谔后来把两个粒子的这种状态命名为纠缠态。

EPR 的核心观点归结于量子理论的哥本哈根诠释违背了爱因斯坦的定域性和实在性，希望建立一个更普遍的定域实在理论来弥补量子理论的不足，以消除超距作用。

（1）对于一个粒子/物体/系统的测量结果，是对它内在属性的反映，与测量过程无关。客观世界不依赖于人的意识而独立存在，你看与不看，花儿照常在那里。人的意识可以反映它，但意识不能把它想怎样就怎样。

（2）粒子/物体/系统的内在属性，是不能由外界在远距离凭空改变的，只能通过有限的速度传播过去的相互作用而改变。如果 A 和 B 之间没有任何物质能量的传递，它们之间就不可能发生联系，在相对论的发现者爱因斯坦看来，完全无法想象对粒子 A 的测量会瞬时影响到远处粒子 B 拥有的独立物理实在元素。也就是说，两地的粒子不能"隔空地，即时地"联系，隔山打牛是不可能的。鉴于宇宙存在速度上限（光速），所有相互作用的传递度都不能比光速快。

EPR 论文一发表，犹如晴天霹雳，全欧洲的顶尖量子理论先驱都如坐针毡。玻尔看到 EPR 论文后立刻放下手头的其他工作，全神贯注地应对爱因斯坦的挑战。经过三个月的艰苦工作，玻尔于同年 10 月在《物理评论》上发表了一篇与 EPR 同名的文章，以反驳爱因斯坦等人的观点。玻尔既不同意爱因斯坦关于物理实在的朴实看法，也不赞同他的定域性假设。玻尔坚持认为，物理系统在测量之前没有确定的属性，一旦我们观测，波函数坍缩，粒子随机地取一个确定值出现在我们面前。同时他还指出，在 EPR 思想实验中，当两个粒子分离开之后，无论其距离有多远，它们都不是独立事件，表现得像是一个整体，对一个粒子的测量仍将对另一个粒子的状态产生影响，量子纠缠是存在的。最后，玻尔下结论说："量子力学是一个和谐的数学形式体系，它的预测与微观领域的实验结果符合得很好。既然一个物理理论的预测都能够被实验所证实，而且实验又不能得出比理论更多的东西，那么，我们还有什么理由对这个理论提出更高的完备性要求呢？因此，从它自身逻辑的相容性以及经验符合的程度来看，量子力学是完备的。"然而，玻尔的反驳是无力的，爱因斯坦根本不相信玻尔所宣扬的"一个物理量只有当它被测量之后才是实在的"观点，他回敬道："难道月亮是因为我们观测才存在于那里，这是不可能的，不管有没有人观测，月亮也好，电子也好，都应该遵循物理学的法则，处于某一确定位置。"显然这样的争论是不会出结果的，只有用实验来说话才是最有力的。可惜当时粒子纠缠实验太难做了，二位大师对量子力学完备性问题的争论，双方都面临举证困难而没有结果，最终因他们的离去而成为历史的悬案，这真是物理学界的一件憾事。

爱因斯坦等三人在他们影响深远的论文的结尾说："关于这样一个（完备的）描述是否存在，我们留待后人得出结论。但我们相信，这样的理论是可能存在的。"

1964 年，贝尔出现了！他提出一个强有力的数学公式，人们称之为贝尔不等式：

$$\left|P_{xz}-P_{zy}\right|\leqslant 1+P_{xy}$$

式中，P_{xz}、P_{zy}、P_{xy} 是三个概率值。$\left|P_{xz}-P_{zy}\right|$ 表示两个概率之差的绝对值，它必须小于等于 1 加第三个概率 P_{xy}。贝尔不等式就好像一把利剑，它把概率一分为二，左边是宏观世界的概率，右边是微观世界的概率。如果贝尔不等式成立，那么爱因斯坦关于量子力学不完备的论点是正确的。如果贝尔不等式被证否，那么玻尔将成为最

后的胜利者。贝尔不等式的提出，表明一个举证困难的物理命题，可以通过考察其背后的数学关系，辨别其物理关系式是正确的还是不正确的。

贝尔不等式的出现，意味着再也没有思想实验的事了，爱因斯坦与玻尔之争已经进入实验室阶段。经过多次实验都发现：贝尔不等式严格满足宏观世界，而不满足微观世界。即实验结果支持玻尔对量子力学的哥本哈根诠释"幽灵般的超距作用"（非定域性物理作用）确实存在，而爱因斯坦所设想的定域性（不存在任何传播速度比光还快的物理作用）和实在性（存在独立于观测者的客观现实，可以为隐变量所描述）被贝尔测试从微观世界中排除了出去。贝尔不等式被称为上帝的裁决，它敲响了爱因斯坦定域实在论的丧钟。

● 1972 年，美国物理学家克劳瑟小组做了粗糙实验，初步证明贝尔不等式不成立。

● 1981 年，法国物理家阿斯佩特小组完成精确实验，所得实验数据证明贝尔不等式严重不成立。

● 2015 年，三个不同的实验室——两个在欧洲，一个在美国——独立地完成了"无瑕疵"的实验，从而毫无疑问地显示了定域实在论世界是不正确的。

● 2022 年，法国物理学家阿兰·阿斯佩（Alaim

Aspect）、美国物理学家约翰·克劳瑟（John F. Clauser）和奥地利物理学家安东·塞林格（Anton Zeilinger）获诺贝尔物理学奖，他们通过光子纠缠实验，验证了贝尔不等式在量子世界中不成立，开创了量子信息学。

　　总之，到 2015 年止，所有贝尔测试已经证实了定域实在论不能正确地描述大自然。鉴于这个现在已经被证实的结论，人们感到震惊：两个同源粒子（如同一个激光器产生的双光子），它们分离之后，不管相距多么遥远，都可以产生随机但又完全相关的结果。这就好比两个舞蹈演员，虽然被分开很远并且之间没有交流，也没有预先达成协议或者计划，居然可以随机地、临时创作出相同的舞蹈。这个结论的颠覆性不仅违背了我们的常识性认知，甚至革新人类的世界观，同时也直接或间接地催生了包括量子密码学、量子信息理论和量子计算机在内的诸多新学科领域。

天下只有一个电子——量子全同性原理

马特·里德利在《自下而上：万物进化简史》中说道，万物原子造，除了灵魂。量子论研究发现：原子全同。宇宙所有的基本粒子具有全同性质。也就是说，所有的电子都是相同的，所有的光子都是相同的，所有的中子都是相同的；等等。

大家都知道，在宏观世界中没有任何两个东西是完全相同的。世界上没有两片完全相同的树叶，人不能两次踏入同一条河流。也就是说，经典粒子是可以区分的，它们不具备全同性质。粒子的统计行为遵循的是玻尔兹曼统计理论，那么全同粒子的统计行为又是怎么样的？

1922 年，印度物理学家玻色有一次给印度达卡大学学生讲授光电效应和黑体辐射的紫外灾难时，需要应用统计规律给学生讲清楚理论预测的结果与实验不一致的问题。当然仍然是应用玻尔兹曼的经典统计理论。当时物理学家的头脑中绝对没有所谓粒子"可区分或不可区别"的概念。每一个经典粒子都是有轨道可以精确跟踪的，这就意味着，所有的经典粒子都是可以相互区分。玻色也是这样的认识。但他在运用经典统计来推导黑体辐射理论公式的过程中犯了一个"错误"，这个错误类似于"掷两枚硬币得到两次正面（即正正）的概率为三分之一"的错误。没想到，这个错误却得出了黑体辐射理论公式与实验结果相符合的结论。也就是不可区分的全同粒子所遵循的一种统计规律。

　　什么叫"掷两枚硬币"，正正概率为三分之一的错误呢？另外什么叫"不可区分的全同粒子"？两个粒子可区分或不可区分，会影响概率的计算？

　　在现实生活中，如果我们掷两枚硬币则会发生四种情况：正正、反反、正反、反正。如果假设每种情况发生的概率都一样。那么得到每种情况的可能性皆为四分之一。现在，我们想象两枚硬币变成了某种"不可区分"的两种粒子。姑且称它们为"量子硬币"吧，这种不可区分的东西完全一模一样，而且不可区分。那么，

"正反"和"反正"就是完全一样，所以，当观察两个这类粒子的状态时，所有可能发生的情况就只有"正正""反反""正反"三种情况。这时，我们仍然假设三种情况发生的概率是一样的，我们便会得出"每种情况的可能性都是三分之一"的结论。由此可见，多个"一模一样、无法区分"的物体，与多个"可以区分"的物体所遵循的统计规律是不一样的。玻色认识到自己犯的也许是一个"没有错误的错误！"他继续深入钻研下去，研究概率1/3区别于概率1/4之本质，进而写出一篇"普朗克定律与光量子假设"的论文。文中玻色首次提出经典的玻尔兹曼统计规律不适合微观粒子的观点。他认为这是海森堡的不确定原理造成的影响，需要一种全新的统计方法。然而，没有杂志愿意发表这篇论文。后来到1924年，玻色突发奇想，直接将论文寄给大名鼎鼎的爱因斯坦，立刻得到了爱因斯坦支持。玻色的"错误"之所以能得出正确的结果，因为光子正是一种相互不可区分的一模一样的全同粒子。也就是说，玻色把光看成是不可区分的粒子集合，从这个简单的假设出发，他一手推导出了普朗克的黑体辐射公式。爱因斯坦心中早有一些模糊的想法，正好与玻色的计算不谋而合。爱因斯坦将这篇论文翻译成德文在《德国物理学》期刊上发表。玻色的发现是如此重要，以至于爱因斯坦写了一系列论文称为"玻色统计"，因为爱因斯坦的贡献，如今人们称之为"玻色-爱因斯坦统计"，也就是有别于经典统计的量子统计，服从这种统计的粒子（比如光子）称为"玻色子"。

所谓全同粒子，是指质量、电荷、自旋等固有性质完全相同的微观粒子。在全同粒子组成的体系中，两个全同粒子相互代换不会引起物理状态的改变，此即全同性原理。

全同性原理是量子论的一个基本理论，并不存在经典物理体系之中。经典粒子可以区分，比如我们从商店里买了一盒乒乓球，如果用精密的秤测量，那么每一个球的质量都会有所不同。如果用放大镜看，就会发现每个球都有不同的缺陷，可以用来做辨识特征。然而在微观世界中，同一种粒子之间是没有任何差别的。这个电子和那个电子，质量完全一样，所带电荷完全一样，实验室中，从来没有看到过它们的差别。同类型原子，它的谱线频率是普适的，不会随着时间、地域而改变。

玻色统计提出 18 年后，1940 年春天惠勒给费曼打了个电话。

惠勒：费曼啊，你知道为什么所有电子都是一样的吗？

费曼：是哦，我也觉得奇怪，那是为什么呀？

惠勒：我们知道为什么所有电子都具有相同的电荷和相同的质量了，因为它们都是同一个电子。

当时费曼还是普林斯顿大学的博士生，惠勒是他的论文指导老师。惠勒曾经说，大学里为什么要有学生啊！那是因为当老师有问题搞不懂的时候，可以向学生请教。所以，惠勒就打了那个电话。

难道说，浩大的宇宙时空舞台，竟然只有一个电子独舞吗？惠勒搞不懂的问题是，为什么所有电子都是全同的？每个电子，有且只有电荷、质量、自旋三个指标，此外没有更多内涵。除了自旋方向，每个电子的电荷和质量都严格相同，对此没有令人满意的解释。惠勒认为，这没有道理，批量加工这么多全同的电子需要何等精密仪器！唯一的解释是全宇宙看似拥有的 10^{89} 个电子，其实只是一个电子，这个唯一的电子在时空里穿梭，编织而为万物。这就像一个巨大无比的“中国结”，无论看起来多么复杂，仅仅就是一根红绳编织而成。这根绳线穿梭交织的每一个结点，在我们四维时空的眼光看来，就是一个“实际的电子”。这叫单电子宇宙模型。

惠勒这样描述单电子宇宙模型：宇宙只存在一个电子，并且电子在时间的两个方向来回移动，最终在两个方向上穿越宇宙的整个过去和未来，并且每次通过时都与自己进行无数次互动。利用这种方式，它以无数个电子的表现充满了整个宇宙。当电子逆着时间方向运动时，它是一个正电子，可以理解为时间反演的正物质。这样宇宙万物简化到一个电子，臻于还原论精神的最高境界，至简而大美。

那么，惠勒这个想法到底是真是假？无所谓啊！这只是理解宇宙万物的一个特殊角度，是解释宇宙的一种思想模型。事实上，同类型基本粒子的全同性被公认为量子力学的一个公理，因为我们无法从其他已知的原理中推断出它。

惠勒的"单电子宇宙模型"启发了费曼将"正电子等于时间退行的电子"构建到他的路径积分中，为费曼赢得了 1965 年的诺贝尔物理学奖。费曼在获奖感言中特别提到了这一点。

费曼的一个主要科学贡献，是量子电动力学的重要工具——费曼图（图 11-1）。它是在时间与空间构成的二维坐标上，用线条描写粒子的运动以及它们之间的相互作用。费曼图既可以表示正负两个电子相向运动发生对撞湮灭，也可以表示一个单独的电子释放能量后时间退行，唯一区别，只在于线条腰上一个小小箭头的开口方向不同。费曼图使得量子力学形象化。本来难以理解的微观作用以最直观的图像展现了出来，让人们更好认识量子之间的交换过程。

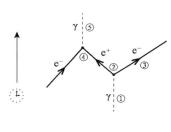

事实真相之一：
正负两个电子发生的生生灭灭的故事。
①一个 γ 光子从这里进场
②这个高能光子产生一对正负电子
③电子继续运动
④正电子遇另一个电子对撞湮灭
⑤产生一个新的光子

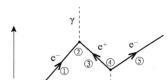

事实真相之二：
一个电子穿越时空来回折返的故事。
①一个电子从这里进场
②吸收 γ 光子的能量而散射
③沿时间负方向退行
④释放光子并受到反冲
⑤折回时间正方向运动

图 11-1　费曼图

一山不容二虎——量子不相容原理

根据玻尔的原子模型，人们提出这样一个问题：如果原子中电子的能量是量子化的，为什么这些电子不会都处在能量最低的轨道呢？因为根据能量最低原理，自然界的普遍规律是一个体系的能量越低越稳定，为什么有些电子要往高能级排布呢？

比如锂（Li）原子有三个电子，两个处在能量最低的 1S 轨道，而另一个则处在能量更高的 2S 轨道（图 12-1）。为什么不能三个电子都处在 1S 轨道呢？这个疑问由年轻的奥地利物理学家泡利在 1925 年做出解答：他发现没有两个电子能够享有同样的状态，而一层轨道所能够包容的不同状态，其数目是有限的，也就是说，一个轨道有着一定的容量。当电子填满了一个轨道后，其他电子便无法再加入到这个轨道中来。这就好比一个停车位要么空着，要么最多只能停放一辆车。一个车位放了一辆车后，其他车辆便无法再加入到这个车位中来。"原子社会"的这个基本行为准则被称为"不相容原理。"

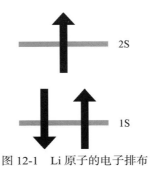

图 12-1　Li 原子的电子排布

不相容原理是一个非常重要的理论，正因如此，电子才会乖乖地从低能级到高能级一个个往上排列。也正因如此，才会构成一个一个不同的原子，从而出现我们看到的世界。

有人会问，为什么 Li 原子的 1S 轨道上有两个电子呢？它们不是完全相同的吗？实际上，这两个电子的运动状态并不相同，它们一个自旋向上，另一个自旋向下。也正因为电子只有两种自旋状态，所以一个轨道上最多只能容纳两个电子。

泡利认为，只有最外层的电子——未被填满的最高能量层上的电子——参与化学反应。正是这些电子决定了元素的化学性质。不同种类的原子，只要最外层的电子数相同，就会表现出相似的化学性质，这也解释了为什么化学元素周期表蕴含着重要的化学信息。

　　泡利不相容原理是原子物理学与分子物理学的基础。该原理可用来解释许多不同的物理与化学现象，包括原子的性质、宏观物质的性质与稳定性、固态能带理论等。假若泡利不相容原理不成立，则各种原子中的所有电子将处于同一基态，原子的尺寸会变得很小；元素与元素之间不会有什么显著差别；元素的性质不会出现周期性；化学与生物学不复存在，更不会有任何地球生命！只因为一个原子内绝对不能有两个或多个电子处于完全相同的状态，才有化学的变幻多端，才有绚丽多彩的世界。

物理小天使——电子自旋

1922 年，德国物理学家施特恩（Otto Stern）和格拉赫（Walther Gerlach）完成了在量子力学历史中的一个开创性的实验，发现了电子自旋，这是一个重大发现。量子力学中的许多物理量如位置、动量、能量等，在经典力学中都有对应，但电子自旋则完全没有经典对应的物理量。

在经典力学中，自旋是一个很好理解的物理概念，就是物体绕自身的中心轴产生的旋转现象。如陀螺旋转、行星自转等，这些都是能够看得见摸得着的实体运动。量子力学认为，电子自旋是电子的基本性质之一，就像电子的电荷、质量等物理量一样，也是描述微观粒子固有属性的物理量，它是电子内禀运动。因此，对电子自旋不能用经典力学中的自旋去理解。

电子自旋概念的出现是经典力学与量子力学的分水岭，其重要意义不言而喻。量子力学对电子自旋的描述是：

（1）电子自旋为 1/2 自旋，即它必须旋转 2 圈才会回到原来的状态，因而定义电子自旋为 1/2 的粒子，如图 13-1 所示。

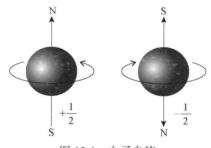

图 13-1　电子自旋

电子存在 1/2 自旋形式，即电子自旋 720° 才算旋转一周，这样的自旋形态在宏观自然界还不存在。于是，量子力学认为，电子自旋是电子的"内禀"属性，它与自然界中的地球自转形式不同，是一种量子效应的自旋。

（2）电子自旋有磁矩，这种磁矩可以通过多种实验观察，是一个实在的物理量，如图 13-2 所示。

图 13-2　自旋磁矩

（3）电子自旋只能处于两种自旋状态，即上旋或下旋，可以类比于电荷的正负。费曼认为，对自旋的量子力学描述可以作为范例，推广到所有量子力学现象。

我们知道，薛定谔方程计算的是波函数，并预测它如何变化。如果我们想知道量子个体的一切，波函数都提供了充分的描述。但薛定谔方程不是终点，它忽略了两个问题：其一是没有考虑微观粒子高速（接近光速）运动的情况，是属于非相对论（低速）的量子力学版本；其二是没有考虑微观粒子的自旋属性，波函数只包含粒子的能量、动量、位置等经典物理量，而不包含自旋这个全新的物理量。1928 年狄拉克对薛定谔方程进行了适当的修正，他把粒子高速运动与自旋的影响考虑在内，得到了相对论性狄拉克方程，一举解决了薛定谔方程存在的问题。

狄拉克波动方程从理论上导出，不但电子存在自旋，而且中子、质子、光子等所有微观粒子都存在自旋。量子自旋是一个重要而反常的概念。量子似旋非旋，自旋而非自转，因为从实验结果得知，有些量子需要旋转一圈半或两圈才能恢复原状，这种情况在三维空间的经典物理世界中找不到对应之物，只有置于超空间的框架下，才可以得到合理解释。量子自旋有以下几种情况：

（1）自旋为0，表示旋与不旋都一样。

例如：希格斯玻色子。

（2）自旋为1，表示旋转360度（1圈）后，回到原来的位置。

例如：光子、胶子。

（3）自旋为1/2，表示旋转720度（2圈）后，和原来一样。

例如：电子、中微子、夸克。

（4）自旋为2，表示旋转180度（半圈）后，和原来一样。

例如：引力子（疑似）。

如此可以推测，量子的物理之身在超空间里转来转去，量子的数学之身是一个超复数结构。

量子自旋就像一个"物理小天使"，给量子力学的完善、发展和应用带来一片光明！随后的原子理论、超导理论、核磁共振、量子信息技术等无不展现出自旋磁矩的风采。

量子是实在，还是幽灵——
观察创造实相

　　量子力学中最具争议的是测量问题，这个问题至今还在接受各种擂台挑战，到目前为止，擂主还是哥本哈根学派，其基本信念是：不被观察等于不存在。爱因斯坦曾对挑战发出讥讽之问："难道一只老鼠不去看，月亮就会从夜空消失！"

　　众多科学家吐槽：如果没有人在观察，那么庭院中的树就不存在？诗人罗尼·诺克斯说："上帝定然十分诧异：既然庭院无人，此树缘何兀立。"

　　哥本哈根学派如下应答：

　　　　君之所言差矣

　　　　我何时片刻离去

此树犹自兀立

　　在下乃是上帝

　　换言之，树在庭院中存在，是因为一直有量子观察者，使波函数坍缩，而这个观察者就是上帝本人。

　　哥本哈根学派的领军人物玻尔有一则量子"圣经式"箴言："任何一种基本量子现象只在其被记录（观测）之后才是一种现象。而在观察发生之前，没有任何物理量是客观存在的。"例如，一个自由电子，如果没有观察者的观测，它将处于某种左旋和右旋的叠加态，即一种电子自旋属性不确定的状态。这时候讨论电子是左旋还是右旋是没有意义的。但是你一旦观测，得到的不是左旋电子就是右旋电子。也就是说，我们观测一下，电子才变成实在，不然就是一个幽灵，只存在我们与电子之间的观测关系。在玻尔看来，事物要先被观察，然后才有明确的属性。所以如果没有人看月亮，那么严格来说月亮的波函数就是叠加态，同时处于各个地方与各种状态。人的观测将瞬间破坏量子粒子的叠加态，薛定谔方程描述的波函数演化过程将发生断崖式终止，也即波函数坍缩。这就像我们打苍蝇一样把这种叠加态拍在墙上，迫使它成为某种事实。量子理论百年研究所确定的一条基本物理原则：我们观察到的，或者原则上可以观察到的，就是宇宙的全部事实。换言之，没有一个脱离于观察而存在的"绝对世界"。任何事物只有结合一个特定的观测手段，才谈得上具体意义。所以，我们合理的信念是：

没有人的森林里，一棵树倒下不会发出轰隆声。

没有人看见，彩虹不会从雨后的山谷升起。

没有辐射探测，就没有原子核和电子。

没有观察，就没有量子波函数坍缩。

……

这个逻辑推演进程的终点是，凡我们所见之物必然都是经过我们观察（说创造也不为过）的东西，没有人的观察，就没有客观世界。但是观察如何影响存在，多大程度影响存在，它无可奉告。只是强调，离开视觉听觉来谈论天边的彩虹、大树的轰鸣是没有意义的事情。

关于量子测量的观点，多么疯狂，完全颠覆了经典物理中关于测量的三个基本特征：

（1）经典测量能够无限地提高精度，而量子测量精度存在极限，它越不过不确定性原理的门槛。

（2）经典测量能够设计出某种测量方法来避免测量对被测物体造成显著改变，而量子测量不可避免地改变被测物体的状态，这种改变看上去是随机的，我们也不清楚其背后隐藏的原因。

（3）经典测量在开始测量之前，被测物体的物理量（如位置、速度）具有确定的数值，测量行为仅仅是揭示了这个值而已，而量子测量在进行测量之前，除了概率波函数之外，我们对量子粒子的所知却是有限的，只有对粒子进行观测时，波函数的叠加态才突然崩溃，坍缩到一个确定的状态。于是，测量行为"创造"了一个结果。

在量子领域里进行测量到底意味着什么呢？很多物理学家曾经对这个问题进行过深入研究，并提出了多种理论解释，包括：

（1）哥本哈根解释：对量子粒子的物理量进行测量的作用，就是把弥散在空间各处的波函数从叠加态坍缩到本征态，从而按概率选择一个实际结果。如果我们不去测量的时候，世界万事万物都处在不确定的叠加态，客观世界就没有什么东西可以处于确定的状态，一切都不能免俗。这是事实，没有解释。历史上所有物理新发现，从来没有听说还需要什么解释。唯独量子力学实验千遍，论文万篇，意识不太可能成为量子机制。你只能像清朝皇帝那样地朱批三个字："知道了"。

（2）隐变量解释：许多人包括伟大的爱因斯坦高度

怀疑，哥本哈根解释是半拉子工程，大自然不应该是这个样子，至少不完全是这个样子。我们肯定漏掉了什么，只可惜现在还不知道，但总有一天会弄明白漏掉的到底是什么。EPR 致力于探寻隐藏在概率背后的真正规律——隐变量，以揭开哥本哈根解释的神秘面纱。但是，隐变量假设被贝尔不等式从微观世界中排除出去了。

（3）退相干解释：量子叠加现象的本质，体现为多个量子波函数同频共振，这叫"相干性"。"薛定谔的猫"要想实现死活叠加，意味着活猫与死猫各自身上的亿万个量子波函数，必须完全同步振动。但世上不可能存在绝对密闭的暗箱，即便隔绝外界干扰或人类观察，每个量子也存在波函数自动坍缩的可能性，尽管这样的概率极低，但总有一个多米诺骨牌会在一瞬间倒下。无处不在，永不消停的"退相干"，导致波函数叠加态自动坍缩，使得量子粒子回到了现实世界中，又成为大家所熟悉的具有确定状态的经典粒子。正因为抵抗不住无处不在的退相干，叠加态在宏观世界永远不会发生。因为宏观物质尺度大，树大招风，几乎不可避免各种干扰。但这终归只是一种理论解释，并不是现实的物理问题。

（4）多世界解释：平行世界，分道扬镳。我们地球人处于地球世界中，假如火星上有人，那么火星人就处于火星世界中，这就是一种平行世界。据此，在电子双缝实验中，一个世界带走了波状的电子，另一个世界带走了粒子态的电子。这样，双缝实验中因观察者（意识）的介入，出现波动性与粒子性相互矛盾的结果，也就不难理解了。

按照这个解释，每发生一次观测时，世界就分裂一次，观测过程把世界分成"多个世界"，每一个世界只观察到其中一种结果，每个观察者仅仅在自己的世界里。我们只能观察到我们所在的世界中的结果，而观察不到别的世界的结果，但没有理由假定另外的结果没有出现过。

这样一来，薛定谔的猫也不必再为死活问题困扰。只不过世界分裂成了两个，一个有活猫，一个有死猫罢了。对于那个活猫的世界，猫是一直活着的，不存在死活叠加的问题。对于死猫的世界，猫在分裂的那一刻就实实在在地死了，也无须等人们打开箱子才"坍缩"，从而盖棺定论。

多世界解释的最大优点，就是不使用薛定谔方程无法导出的"波函数坍缩"这一假设。然而，多世界解释只不过用宇宙分裂来代替波函数坍缩而已，但正如正统哥本哈根解释不能告诉我们波函数为什么，以及何时发生坍缩一样，多世界解释也不能告诉我们宇宙为什么，以及何时会发生分裂。

（5）意识导致波函数坍缩解释：1932 年冯·诺依曼给出一个惊人的答案：意识导致波函数坍缩。他认为，量子理论不仅适用于微观粒子，也适用于测量仪器。于是，当我们用仪器 A 去"观测"的时候，也会把仪器本身卷入这个模糊叠加态中间去。假如我们再用仪器 B 去测量仪器 A，好，现在仪器 A 的波函数又坍缩了，它的状态变成确定。可是仪器 B 又陷入模糊不确定中……总而言之，当我们用仪器去测量仪器，整个链条的最后一台仪器总是处在不确定状态中，这叫作"无限复归"。从另一个角度看，假如我们把测量仪器也加入整个系统中，这个大系统的波函数就从未彻底坍缩过！可是，当我们看到仪器报告的结果后，这个过程就结束了，我们自己不会处于什么模糊叠加态中。奇怪，为什么用仪器来测量就会叠加，而人来观察就得到确定结果呢？冯·诺依曼认为人类意识的参与才是波函数坍缩的原因。

然而，究竟什么才是"意识"？它独立于物质吗？它服从物理定律吗？至今还没有任何证据表明它满足物理定律。

还有更多版本……。试问，你接受哪一种解释呢？
德国物理学家鲁道夫·佩尔斯说："嗯，我首先反对用
'哥本哈根解释'这个词，因为，这听起来好像量子力学
有几种解释。其实只存在一种解释，只有一种你能够理
解量子力学的方法。有许多人不喜欢这种方法，试图去
找别的什么东西，但是没有谁找到了任何别的，却又首
尾一贯的东西。"

　　谁坍缩了波函数？答案仍然隐藏在暗黑中，"坍缩"
就像是一个美丽理论的一道丑陋疤痕，它云遮雾绕、似
是而非、模糊不清，每个人都各持己见，没有达成
共识。

　　1935 年，薛定谔提出一个思想实验——薛定谔猫。
其初衷是用那只猫去嘲笑波函数坍缩之荒谬。但是，他
万万没有料到，这只猫竟然引发一场复杂而持久的争
论，80 多年热度不减，至今争论并没有结束，结论是没
有结论。难怪霍金每每听人说起这只猫，实在是烦透
了，就忍不住要去拿枪。

量子的反现实主义特性

　　整个宇宙无非是宏观与微观之分，二者的分界线就是原子，比原子大的物质就是宏观世界，比原子小的物质就是微观世界。而量子力学就是研究微观世界的物理理论。一开始，科学家认为微观与宏观世界运行规律是一样的，直到 1900 年，普朗克在对黑体辐射的研究中，引入了"量子"这个奇怪的概念，并随着这个概念日益渗透到物理学的各个领域之后，我们才知道微观世界与宏观世界遵循的物理规律几乎没有什么共同点。比如，量子世界中的客体能以叠加态的形式存在，而在我们所处的世界中，事物的可观测属性总是能取确定的数值，而不能叠加起来。随着研究的深入，都指向了同一个结论：量子力学与现实主义并不相容。

1. 量子叠加性

如果 ψ_1 和 ψ_2 是体系的可能状态，那么它们的线性叠加 $\psi = C_1\psi_2 + C_2\psi_2$（$C_1,C_2$ 是复数）也是体系的一个可能状态，并且这种叠加可以推广到很多态。当粒子处于态 ψ_1 和态 ψ_2 的线性叠加态 ψ 时，粒子是既处在态 ψ_1，又处在态 ψ_2。

在量子力学中，波函数 ψ 被用来描述一个物理体系的状态，粒子处于波函数定义的所有状态的叠加态，也就是说，它既在这里，又在那里，也可以说哪里都不在，它只存在于波函数的方程里。只有对该粒子的具体状态进行测量时，波函数的叠加态突然结束，坍塌到某个特定值，我们才能知道该粒子究竟处于什么状态。量子力学神奇之处在于：你不对粒子进行观测，也就处于叠加态，你一观测，它的这种叠加态就崩溃了，塌缩到一个唯一状态。

推广到更一般情况，当 $\psi_1,\psi_2,\cdots,\psi_n$ 是体系的可能状态时，它们的线性叠加：

$$\psi = C_1\psi_1 + C_2\psi_2 \cdots + C_n\psi_n = \sum_{i=1}^{n} C_n\psi_n \qquad （15\text{-}1）$$

也是体系的一个可能状态，其中 $C_1,C_2,\cdots,C_n$ 为复常数。

当 $n = 2$ 时，由式（15-1）得到

$$|\psi|^2 = |C_1\psi_1 + C_2\psi_2|^2$$
$$= |C_1\psi_1|^2 + |C_1\psi_2|^2 + C_1^*C_2\psi_1^*\psi_2 + C_1C_2^*\psi_1\psi_2^* \tag{15-2}$$

显然，$|\psi|^2 \neq |C_1\psi_1|^2 + |C_2\psi_2|^2$，也就是体系在 ψ 态的概率密度不等于体系在 ψ_1 处的概率密度 $|C_1\psi_1|^2$ 和体系在 ψ_2 处的概率密度 $|C_2\psi_2|^2$ 之和，在式（15-2）中还有干涉项 $C_1^*C_2\psi_1^*\psi_2 + C_1C_2^*\psi_1\psi_2^*$。因此，量子叠加必然导致微观粒子（电子、光子等）的波动特性。量子叠加是微观粒子波动性的起源，它具有丰富的物理内涵。

从量子叠加性可以看出量子力学不同于经典力学之处：

（1）量子态叠加可以扩展为几个甚至很多个态，而且叠加是线性的。量子态叠加表明微观粒子体系是线性系统，它所遵循的运动方程是线性方程。量子态叠加性与经典波的叠加性在加减形式上完全相同，但是实质完全不同。两个相同态的叠加在经典力学中代表着一个新的态，而在量子力学中则表示同一个态。

（2）量子力学提出了波函数的概念。经典力学没有波函数的概念，它描述粒子状态的物理量都是可以直接观测的量，如粒子的位置和动量。在日常生活中人们也习惯于经典力学的描述。而在量子力学中，对粒子状态的描述是用不可观测量——波函数，它是一种概率波。波函数既不描述粒子的形状，也不描述粒子的运动轨道，它只给出粒子在某处出现的概率。波函数概念的形成正是量子力学完全摆脱经典的观念，走向成熟的标志。

（3）量子力学对"测量"作出了自己特有的解释。对物理量（如粒子位置）进行测量的作用是把弥散在空间各处的波函数"坍缩"，从而得到确定的结果。测量是量子从叠加态转变为本征态的唯一手段。在经典力学中，因为宏观物体只能显示粒子性，它的波动性根本显示不出来，所以宏观物体构成了一种物理实在，与你观测无关。而微观粒子却有粒子和波动两种属性，在这种情况下，你的观察就会起到决定性作用了。

（4）在经典力学中，任何过程的传播都不能超过光速。但在量子力学中，测量之前，波函数弥散在空间各处，测量后波函数只存在于某个特定的位置，这个"坍缩"过程是"瞬时"发生的，它可能超过光速吗？爱因斯坦认为这种瞬间的波函数塌缩存在一种超距作用，其信息传递是超光速的，是违背相对论的。爱因斯坦把这种看法最后提炼为一个称为 EPR 佯谬的思想实验。

量子力学中的粒子状态可以叠加存在的观点，已被越来越多的物理实验（如电子的双缝干涉实验）所证实，这是微观世界中最重要的性质，也是量子论的核心内容。

量子态可以叠加，因此量子信息也是可以叠加的。也就是说，1 个比特的量子信息既可以处于 $|0\rangle$ 态，又可以处于 $|1\rangle$ 态，而且可以处于 $|0\rangle$ 和 $|1\rangle$ 的叠加态：

$$|\psi\rangle = a|0\rangle + b|1\rangle$$

式中，a 和 b 是复系数，且归一化后 $|a|^2 + |b|^2 = 1$。

这里，$|a|^2$ 是对量子态 $|\psi\rangle$ 进行测量得到 $|0\rangle$ 态的概率，同样 $|b|^2$ 是对量子态 $|\psi\rangle$ 进行测量得到 $|1\rangle$ 态的概率。我们假设两种概率相等 $(a = b)$，因概率之和总是等于 1，所以每个量子态的系数是 $\dfrac{1}{\sqrt{2}}$，即

$$|\psi\rangle = \dfrac{1}{\sqrt{2}}(|0\rangle + |1\rangle)$$

这个式子表示微观粒子必须同时处在 $|0\rangle$ 和 $|1\rangle$ 两个量子态的叠加中，粒子没有一个确定的位置，它同时在这里又在那里！

1 个经典比特信息只能表示 0 或 1 的单一状态，就像一枚硬币，要么是正面，要么是反面。而 1 个量子比特信息可以同时表示 2 个状态，2 个量子比特就是 4 个，3

个量子比特就是 8 个，……，随着量子比特的增加，量子系统所能包含的信息会呈指数方式增加，这是非常惊人的。对于奇妙的量子叠加性，我们形象地讲，粒子可以同时处于两个不同的位置；可以同时通过双缝；可以同时做不同的事情；也可以一边工作，一边休息。那么，这种同时性或并行性又有什么用途呢？大家一定会想到：用于并行计算。多比特的量子叠加就成为量子计算机实现并行计算的重要基础。如果把传统的串行计算机比作一种单一乐器，那么并行计算的量子计算机就像一个交响乐团。高效率的量子计算机，可以用来探索前人从没有抵达过的量子秘境。

2. 量子纠缠性

如果通过某些技术手段，在原子级别上把一个粒子"切割"成两个或更多个小粒子，那么，切割后的粒子就好像是同一个妈妈生的儿女们（双胞胎或多胞胎），它们就有一个特点——"心灵感应"。即使切割之后的这些粒子失去联系，彼此相距遥远，其中一个粒子状态的变化，瞬间就会引起其他粒子状态的变化。这种通过某种未知机制跨越任意远的距离共享信息的奇妙现象被称为量子纠缠（图 15-1）。

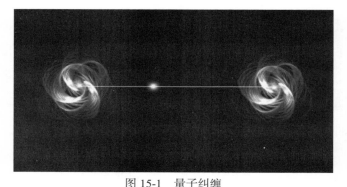

图 15-1　量子纠缠

（图片来源：https://www.3dmgame.com/news/201710/3691651_2.html）

　　例如，把一个母粒子 A 切割成甲乙两个更小的粒子。假设切割之前，粒子 A 没有自旋（自旋量为 0），切割之后产生了发生自旋的甲乙粒子，若把它们放在两个不同的盒子里，如果揭开甲粒子的盒子，发现甲粒子自旋方向为右，那么，我们瞬间就会知道乙粒子自旋方向为左。因为母粒子 A 在切割之前自旋为 0，要保持自旋量不变，那么，甲粒子和乙粒子的自旋方向一定是可逆的，以保持总体守恒。

　　量子纠缠现象其实是一种超乎寻常的超距作用。在微观世界里，量子系统下的一对纠缠粒子，如果被置于两地，无论它们相距多么遥远，都会同时感应到彼此。即便一个粒子在地球上，而另一个粒子在银河系外，它们也会同时感应到对方。这种现象在宏观世界会变得异常地超乎常理！甚至爱因斯坦也很困惑，以至于他称其为"魔鬼般的超距作用"。虽然爱因斯坦极其不理解量子纠缠，但是越来越多的实验已经表明，量子纠缠就是微观世界最普遍的一种现象。但你或许会好奇，狭义相对论不是规定了速度的极限就是光速吗？量子纠缠感应速度那么快，为什么不违背相对论呢？

诚然如此，现代物理学已经告诉我们，量子纠缠的速度至少是光速的 4 个数量级，也就是至少是光速的 1 万倍，这还只是量子纠缠的速度下限！其实在相对论中的光速极限原理，指的是把一个实物粒子不能加速到超过光速，因为物体的速度越快，质量就越大，当速度接近光速时，质量就逼近无穷大，也就需要无穷大的能量来推动它加速运动，所以实在物体的最大速度不能超过光速。而量子纠缠就完全不同，这种速度只是感应速度，并不需要把实在物体加速到光速以上，所以量子纠缠也不能传递信息，因为纠缠粒子之间的感应并不是通过传播子来完成的，而电磁波之所以可以传递信息，是因为电磁波本身就包含着光子这种实物传播子。总之，纠缠态粒子之间的瞬时关联是存在的，只是不能通过这种关联来传播信息而已。如果有人希望突破光速传送信息，则是不切实际的幻想。但是到目前为止，科学家也不知道量子纠缠的内在机制究竟是什么？科学家只能肯定量子纠缠是一种客观现象。

对于宏观物体来说，如果它被分解为许多碎片，各个碎片向各个方向飞去，通过描述各碎片的状态，就可以描述整个系统的状态。即整个系统的状态是各个碎片状态之和。但是，量子纠缠表示的系统不是这样。我们不能通过独立描述各个量子的状态来描述整个量子系统的状态。量子纠缠让两个粒子产生神秘的超越时间和空间的关联。处于量子纠缠的两个粒子，无论其距离有多远，它们都不是独立事件，一个粒子的状态变化都会影响另一个粒子瞬时发生相应的状态变化，即两个粒子间不论相距多远，从根本上讲它们还是相互联系的，且不需要任何直接交互。这一现象既违背了经典力学，也颠覆了我们对现实的常识性理解。

假设一个零自旋中性 π 介子衰变成一个电子与一个正电子。这两个衰变物各朝着相反的方向移动。电子移到区域 A，在那里的观察者会观测电子沿着某特定轴向的自旋；正电子移动到区域 B，在那里的观察者也会观测正电子沿着同样轴向自旋。在测量之前，这两个纠缠粒子共同形成了零自旋的纠缠态 $|\psi\rangle$，是两个直积态的叠

加，以狄拉克标记表示为：

$$|\psi\rangle = \frac{1}{\sqrt{2}}\big(|\uparrow\rangle \otimes |\downarrow\rangle + |\downarrow\rangle \otimes |\uparrow\rangle\big)$$

式中 $|\uparrow\rangle$，$|\downarrow\rangle$ 分别表示粒子自旋为上旋或下旋的量子态。

圆括号内第一项表明，电子的自旋为上旋当且仅当正电子的自旋为下旋；第二项表明，电子的自旋为下旋当且仅当正电子的自旋为上旋，两种状态叠加在一起，每一种状态都可能发生，不能确定到底哪种状态会发生，因此，电子与正电子纠缠在一起，形成纠缠态。假若不做测量，则无法知道这两个粒子中任何一个粒子的自旋。一旦我们测量其中一个粒子的状态（比如电子的自旋向上），就能够瞬间知道另一个粒子的状态（比如正电子的自旋向下），无论它们之间距离（比如 A 区至 B 区）有多么远。

通常一个量子是无法产生纠缠的，至少要有两个量子才行。鉴于全部现有的量子纠缠实验都离不开光子，光子便处于量子纠缠制备的中心地位。2016 年 8 月 16 日，中国量子科学实验卫星"墨子号"首次成功实现，两个纠缠光子被分发到超过 1200 公里的距离后，仍可继续保持其量子纠缠状态。

　　如何实现光子纠缠呢？通常对光子源产生的光子通过各种光学干涉的方法来获取。产生纠缠的光子数越多，干涉和测量系统就越复杂，实验难度也就越大。一个常用的办法是，利用晶体管的非线性效应。比如，把一个具有紫外线光子放进晶体管，由于非线性效应的存在，在输出端可以得到两个红外线光子。因为这两个红外线光子来源于同一个"母亲"，就处于相互纠缠的状态了。

　　量子纠缠是两体及多体量子力学中非常重要的概念，是一种物理存在，它具有以下启示意义。

　　（1）量子信息的传递速度是非定域的，超光速的。非定域、超光速并不是一个新问题，自 EPR 关联提出以来就受到了极大的关注，但量子纠缠的成功实验，使人们再也不怀疑量子信息具有非定域性与超光速性。

　　即使没有对量子系统进行测量，量子系统中仍然包含信息，只是这些信息是隐藏着的，我们可以称之为本体论量子信息。当量子系统被测量之后，就产生了一系列数据，这是一种确定的信息，我们称之为认识论量子信息，实际上，就是经典信息。我们可得到这样的结论：本体论量子信息传递速度超过光速，它的存储不受距离的影响，可以是非定域的，而任何认识论量子信息即经典信息则不超过光速，只能定域存储。

（2）量子纠缠能够实现隐形传态。原则上，利用量子纠缠就可能实现"瞬间移动"。比如，先制备一对处于叠加态的粒子，把其中的一个粒子送到遥远的地方，另一个粒子留在原地。然后让留在原地的那个粒子和一个新的粒子发生作用，作用的结果就是原来粒子的状态发生了改变，那么远处的那个粒子的状态必然瞬时改变。

如果实验设计得恰当，就可以让远处的那个粒子改变了状态之后和这个新的粒子的原始状态一致，那就相当于把这个新的粒子瞬时传递到了远处，学术界称为量子隐形传态，因为传递的是粒子的状态，并不是粒子本身！

这件事早就被实验证实了，而且也在中国量子科学实验卫星"墨子号"上实现了。既然所有的物质都是由粒子组成的，只要把一个物体所有的粒子性质都传递过去，就相当于把这个物体"瞬间移动"过去了。

（3）量子纠缠是量子信息的基础，由此催生了一系列的量子信息技术，主要包括三个方面：利用量子通信可以实现原理上无条件安全的通信方式；利用量子计算可以实现超快的计算能力；利用量子精密测量可以在测量精度上超越经典测量的精度极限。

16

量子力学的世界观

　　19世纪中叶，经典牛顿力学、经典电动力学、经典热力学和经典统计力学形成的经典物理征服了世界，力、电、磁、光、热……，一切的一切都被它的力量所控制。人们相信经典物理能够描述宇宙万物的运动规律，人类对世界的认识已臻完备。然而，历史的车轮只遵从宇宙的基本规律，当人类在进入20世纪后，一系列新的发现和经典物理预见的结果相左，出现了经典物理的危机。

　　首先，经典物理遇到三大难题：

　　（1）黑体辐射理论与实验的不一致问题：当时没有一个理论公式能对黑体辐射的实验作出全面拟合，更谈不上作出正确的物理解释。

（2）光电效应的解释问题：经典电磁理论认为光电现象的发生取决于光的强度，而不是光的频率，然而所有的实验都指向相反的方向。

（3）原子稳定性的问题：经典理论中的电子必将坠毁在原子核上，原子寿命极短，然而实际原子是绝对稳定的。

1900 年，马克斯·普朗克提出振子能量的量子化。

1905 年，阿尔伯特·爱因斯坦提出电磁辐射能量的量子化。

1913 年，尼尔斯·玻尔提出原子能量的量子化。

早期量子论的三大先驱者提出的三大发现，成功地解决了经典物理的三大难题，揭开了量子世界研究的序幕，为量子力学的创建作出了杰出贡献。

接着，20 世纪 20 年代中叶，一批伟大的理论相继诞生，它们一步步走进量子世界的最深处，迎来了量子力学真正意义上的爆发，并足以撼动整个物理学，甚至颠覆我们的世界观。

让我们回顾一下那段史诗般壮丽的量子力学的历史。

1924 年，德布罗意提出了物质波理论，将爱因斯坦光的波粒二象性拓展至所有物质粒子，使其成为遍及整个物理世界的一种绝对普遍现象。

1924 年，玻色提出了光遵循一种建立在粒子不可区分的性质（即全同性）上的量子统计理论。

1925 年，海森堡提出了量子力学第一个版本——矩阵力学。它是一种不受乘法交换律束缚的奇特表格方式建立的量子力学新关系。

1925 年，泡利提出不相容原理，成为大自然最伟大的戒律之一，即"原子社会"的基本行为准则。

1926 年，薛定谔提出了量子力学的第二种形式，波动力学。它构造出一个以波函数 Ψ 为核心概念的公式来描述粒子的运动。

1926 年，玻恩提出波函数的统计解释，指出粒子的运动遵循的是概率规则，在原子世界中必须放弃决定论。

1927 年，玻尔提出了互补原理，试图解释量子理论中一些明显的矛盾，特别是波粒二象性。

1927 年，海森堡提出了不确定性原理，阐明量子在本质上具有不可消除的不确定性，暴露了量子力学与经典力学之间的根本性差别。

1928 年，狄拉克提出相对论性（接近光速）的波动方程来描述电子，解释了电子自旋并且预测了反物质。

　　量子力学原先提出的目的是解释辐射，光和原子的令人费解的实验结果，20年后量子力学正式问世，并最终迈向物理科学的巅峰。正如美国诺贝尔奖得主史蒂文·温伯格说："20世纪20年代中叶，量子力学的发现是自17世纪现代物理学诞生以来影响最为深远的理论"。

　　量子力学诞生了！它到底描述了什么？

　　（1）天地万象量子化——离散物质观

　　量子力学揭示，天地万象——物质、能量、时间、空间，甚至信息最终都是量子化的。什么是量子化？它的意思是指离散和不可再分，总是一整份一整份地发生变化。例如，我们统计人数时，可以说有一个或两个人但不可能有半个人、三分之一个人。那么，"人数"这个物理量就被量子化了。我们上台阶时，也只能说上一个台阶或两个台阶，而不能说上半个台阶，几分之几个台阶。那么，"高度"这个物理量就被量子化了。对于统计人数来说，一个人就是一个量子；对于上台阶来说，一个台阶就是一个量子。在量子力学里，量子是指"一个物理量最小的不可分割的基本单位"。例如氢原子中电子的能量只能取 -13.6eV（eV为电子伏特，一种能量单位），或者它的 $1/4$、$1/9$、$1/16$ 等等，总之就是 -13.6eV

除以某个自然数的平方（ $-13.6/n^2\text{eV}$ ， n 可取 1、2、3、4……），而不能取其他值，例如 -10eV 、 -20eV 。这就是说氢原子中电子的能量是量子化的，位于一个个"能级"上面，每一种原子中电子的能量都是量子化的，这是一种普遍现象。

还有一种情况，就是物质组成的量子化。例如光是由一个个光子组成的，你不能分出半个光子、三分之一个光子，所以光子是光的量子。阴极射线是由一个个电子组成的，你不能分出半个电子、三分之一个电子，所以电子就是阴极射线的量子。总之，量子就是最小单位的粒子。

跟"离散变化"相对的叫作"连续变化"。例如你走在一段平路上，你可以走到 1 米的位置，也可以走到 1.11 米的位置，中间任何一个距离都可以走到，这就是"连续变化"。经典物理从牛顿力学、爱因斯坦相对论到麦克斯韦电磁理论都是基于物体运动是连续的，物体性质的变化是连续的，时间、空间也是连续的，并且他们的预测已经被大量的实验所证实。连续性主宰我们所熟悉的世界，人们生活在这样一个世界，心里很踏实。

可惜的是，连续运动直接来自人们关于宏观世界中物质运动的经验。然而，经验永远是表面的，而真理则隐藏在深处。

1900年，德国物理学家普朗克发现物体的能量在发射和吸收的时候，不是连续不断的，而是分成一份份的。即能量不可无限细分，它拥有最小单位——能量量子。量子的发现，打破了一切自然过程都是连续的经典定论，第一次向人们展示了自然的一种本性——分立性或非连续性。当然，这个事实也超越了久经考验的"经典"物理学范畴。

后来，进一步的研究发现空间时间也是不连续的，也是量子化的。空间的最小单元称"普朗克长度"，$lp = 1.6 \times 10^{-35}$ 米，即量子长度，也就是宇宙中最小长度。这表明量子粒子（如光子）是瞬移一段停下来，再瞬移，而并非我们看到的连续前进的样子。我们之所以看不到光的运动是一段一段的，是因为我们的眼睛无法辨识到极小的距离。数学上的一切对象都可以再分，但我们生活在物理世界而不是数学世界，人类的物理行为存在极限和边界。

因为光速恒定，用普朗克长度除以光速，就得到普朗克时间 $tp = 5.4 \times 10^{-44}$ 秒，即量子时间。也就是说时间也是断续的。人们一般认为时间如流水，在任意点都存在，也就是连续存在的。但是时间量子化，就变成了离散的点。时间是跳跃着前进的，如同普朗克长度跳着走一样。我们看动画时，只有图片不断的切换，但是大脑能补充出动画来。我们看物体只有一堆离散点，但是大脑能补充空的地方，让物体看起来是一个整体。

发现量子化是微观世界的一个本质特征后，科学家们创立了一门准确描述微观粒子运动规律的物理理论，这就是"量子力学"。微观粒子具有许多神奇的特性，它们的运动不能用通常的宏观物体运动规律来描述。因此，牛顿创立的经典力学顺理成章地要发展到当今的量子力学。量子力学把不连续性或分立性看作是物理世界的内禀属性，彻底颠覆人类的物质观。原来大自然是不连续的，它可能更像一片沙滩，远看是连在一起的，走近才发现它是由一粒粒的细沙构成的。

（2）只有概率，没有因果——概率统计观

因果观是哲学的重要内容，一件事情的发生，怎么会没有原因呢？经典力学强调"因果决定论"，认为一切"果"都是之前种下的"因"造成的。昨天种种是今日种种的原因，明天种种是今日种种的结果，复制原因，就能再现结果，宇宙本身不过是一条原因和结果的无穷链条。大科学家拉普拉斯有句名言：宇宙像时钟那样运行，某一时刻宇宙的完整信息能够决定它在未来和过去任意时刻的状态。这就是著名的因果决定论。爱因斯坦坚决维护决定论，否定随机性，认为物理定律应该简单明确：A 导致 B，B 导致 C，C 导致 D，环环相扣，即使过程再复杂，每一件事都有来龙去脉，而不依赖什么随机性。他相信即使抓到 1 万只白天鹅，也不能绝对证明"天下天鹅皆白"这一命题。他一直认为，统计性规律是认识不完备的结果。

然而，在量子的微观世界里，事情就变得很神奇了！量子世界的随机性没有任何因果关系，是一种真正的随机性。完全相同的操作可能带来截然不同的结果。在量子力学中，即使给定粒子的全部条件，也无法预测其结果。就像这一秒存在于这里的粒子，下一秒究竟存在于何处，只能进行概率上的判断。所有粒子似乎并不喜欢被束缚在单一的位置或者沿着某一条轨道运动。比如，电子，你不能问："电子在哪里？"你就只能问："如果我在这个地方观察某个电子，那么它在这里的概率是多少？"你能够用薛定谔方程非常准确地计算出电子落在各处的概率。对于大自然我们究竟观察到了什么？量子力学的答案——我们只能观察到概率。严格的因果关系只是统计规律的极限。德国哲学家赖兴巴赫曾经尖锐地指出："我们没有权利把严格因果性推广到微观领域里去。我们没有理由假设分子是由严格规律所控制的，一个分子从同一个出发情况开始，后来可以进入各种不同的未来情况，即使拉普拉斯这样的超人也不可能预言分子的路径。"

量子力学告诉我们，微观世界没有固定的套路，没有必须怎样，必然怎样，一切需要用量子力学方程式计算出事件发生的概率。既然世界上所有的东西都是由原子或亚原子这样的粒子所组成，那么量子定律不仅能够解释微小的事物，也能够解释现实世界的一切，大自然遵循的是概率统计规律。

（3）量子的精确位置和速度不能同时兼得——不确定世界观

在经典力学中，粒子的位置（或坐标）和动量（或速度）可以同时测定，互不影响。例如，飞机来了，雷达可以把飞机的位置和速度都准确测定。

在量子力学中，海森堡的不确定原理指出，人们无法同时精确地获取粒子的位置和动量。1927 年，海森堡考虑一个思想实验，用显微镜去观察一个电子的位置 x，当使用波长为 λ 的光照射电子时，光子的动量 $p_{光子}=h/\lambda$ 必定与电子动量 $p_x=mv$ 发生交换，光子冲撞电子后可朝各个方向反射，使电子动量获得 $\Delta p_x \geqslant h/\lambda$ 的不确定性，另一方面，光的波动性引起衍射，使得电子位置 x 的不确定范围为 $\Delta x \geq \lambda$。我们希望 x 测得准，必须用短波长的光，但这将使光子的能量变得更大，从而增大电子动量的不确定性，两者相乘得出 $\Delta x \Delta p_x \geq h$ 的限制条件。现在一般写成：

$$\Delta x \Delta p_x \geq \hbar / 2$$

式中，$\hbar = h/2\pi$。这就是著名的海森堡不确定关系。

海森堡不确定关系，反映了电子位置 x 与动量 p_x 在测量上的排斥性，我们可以测量粒子的位置或动量，但是无法同时精确测量这两个量。这不是由于测量仪器不够完善，更不是由于实验操作有任何失误，而是由于量子粒子在本质上具有不可消除的不确定性质。

但是，包括伟大的爱因斯坦在内的现实主义者都坚定地认为，即便我们永远不能剔除人为干扰，仍然应该存在某种"上帝之眼"，它总知道量子的位置和动量吧，要多精确就多精确。以玻尔为首的哥本哈根派认为"上帝之眼"是多余的，量子本身没有确定的存在。如果我们仔细辨析位置与动量，时间与动量等，这些共轭物理量都可以追溯到波粒二象性上去。物质波公式 $\lambda = h/p$ 的反比关系，就鲜明地刻画了这种此消彼长的性质——位置变化越小，动量变化就越大，反之亦然。这就是大自

然给其中任意一个量标上的价码：精确知道了一个量
后，就没法同时精确知道另一个量。在这场你进我退、
我进你退的量子之舞中，某个量测量得越准确，我们对
另一个量的预测或了解就越不准确。共轭变量无处不
在，不确定原理四海皆准。

　　海森堡不确定原理之于物理，犹如哥德尔不完备定
理之于数学、康德不可知论之于哲学。物理不确定、数
学不完备、哲学不可知，三位一体，闭环自洽，从某种
意义上说，它们合力完成了人类理性的边界勘定。

　　（4）波粒二象性，矛盾叠加——互补世界观

　　正当人们纷纷评议海森堡不确定性原理带来的影响
时，1928 年玻尔首次提出互补性观点，试图解释量子理
论中一些明显的矛盾问题，从而构建量子力学的自洽诠
释。互补原理的基本思想是，任何事物都有许多不同的
侧面，对于同一研究对象，一方面承认了它的一些侧面
就不得不放弃其另一些侧面，在这种意义上它们是"互
斥"的；另一方面，那另一些侧面又不可完全废除，因
为在适当条件下，人们还必须用到它们，在这种意义上
说二者又是"互补"的。

　　按照玻尔的看法，追究既互斥又互补的两个方面中
哪一个更"根本"，是毫无意义的；人们只有而且必须把

所有的方面连同有关的条件全部考虑在内，才能而且必能得到事物的完备描述。

互补原理是量子力学重要的哲学基础。玻尔认为，波粒二象性矛盾之处，可以通过互补性加以解释：电子和光子、物质和辐射的波动性和粒子性都是同种现象互斥又互补的两个方面。也就是说，波动性和粒子性是同一枚硬币的两面。然而，必须使用两种截然不同的经典描述（比如波和粒子）阐释非经典领域，这就造成了许多困难。而互补性就能巧妙地规避这些困难。按照玻尔的理论，要想完整描述量子实在，粒子和波都必不可少，单单它们中的任何一个都只能反映部分现实。也就是说，光子用波动性绘制了一幅图画，又用粒子性绘制了另一幅图画，两幅图画并排挂着，没有高低之分。不过，为了避免引起矛盾，还有一些限制条件要遵循。无论在什么时候，观察者只能看到两幅图画中的一幅。没有任何实验能够同时测定光子的粒子属性和波动属性。玻尔认为："在不同条件下测量得到的相关证据不能放在同一幅图画理解，只能且必须把它们看作互为补充，因为从某种意义上说，只有现象的真正总和才能完全体现测量对象的所有可能信息"。

波粒二象性思想的首先亮相是在 20 世纪初爱因斯坦

对光性质的研究中。后来德布罗意提出电子也一样，电子既是粒子，同时又是波。这种说法难道不自相矛盾吗？这就好比一个人既是男的，又是女的。按照互补性观点，任何单方面的描述都是不完全的。只有粒子性和波动性两种概念有机地结合起来，电子才成为有血有肉的电子，才能真正成为一种完备的图像。没有粒子性的电子是盲目的，没有波动性的电子是跛足的。

玻尔还发现不确定原理其实也与互补性有关。正是这个发现让他这样诠释不确定原理：不确定原理表明，两个互补且互斥的经典概念（无论是粒子与波，还是位置与动量）在任何程度上可以同时应用于量子世界，而不产生矛盾。

不确定原理还表明，必须在玻尔所称的以下两种描述中做出选择：一是以能量和动量（不确定关系中的 E 和 p）守恒定律为基础的"因果"描述；二是事件按时间与空间（t 和 x）排列的"时空"描述。这两种描述既互补又互斥，因而可以解释所有可能出现的实验结果。

总之探索量子概念时，玻尔更感兴趣的是掌握概念背后的物理内涵，而非概念披着的数学外衣。他认为，必须找到一种方法，使得粒子性和波动性能在任何对原子过程的完备描述中共存。在他看来，调和这两个相对的概念就是那把能打开通往自洽量子力学物理诠释之门的钥匙。

互补并不只是一种原理，更是一种对整个科学哲学的描绘。互补性哲学适用性极广，讲述的是生命和物理学、能量和因果关系，以及知识和智慧之间的互补。在玻尔看来，量子力学是一场超越了物理学甚至超越了科学的革命。

至此，波函数的统计解释、不确定原理和互补原理，这三大核心原理构成了量子力学的主流解释，被称为"哥本哈根"解释。其中统计解释和不确定原理摧毁了经典世界的（严格）因果性，互补原理和不确定原理又合力捣毁了世界的（绝对）客观性。今天，哥本哈根解释被当作量子论的"正统"，一直写进各种教科书中，甚至成了大学里教授的唯一量子理论版本。

（5）超距作用，隔山打牛——非定域性关联观

经典物理认定，一个物体只能与周围的物体相互作用。在机械运动中，两个物体必须在彼此接触时才会有相互作用。在电磁场中，两个电荷必须以电磁场为中介相互作用。也就是说，物理系统只会受到时空邻近处的其他系统的直接影响。爱因斯坦建立的狭义相对论，证明了任何作用或信息传输的速度都不能超过光速，否则

因果关系就会破坏。因此定域性原理认为，在空间某一处发生的事件，不可能立即影响到空间另一处，隔山打牛是不可能的。这就排除了超距作用的可能。从经典力学的观点来看，任何相互作用都发生在"定域"范围内，外部世界的任何物质都是定域性的。这就是相对论精神！在量子力学之前，没有任何一个理论有能力否决定域性观点，因为这种观点符合常识，所以深深地烙在了人们的脑海里。

1935 年，EPR 文章重新提出"超距作用是否存在"的问题，其核心思想是爱因斯坦的定域性假设，即那些神秘、瞬时的超距作用并不存在。定域性排除了特定空间区域内发生的事件以超光速瞬时影响其他地方发生的事件的可能。爱因斯坦认为，任何从某地运动到另一地的事物速度都不可能超过光速，光速就是大自然设定的牢不可破的速度上限。在这位相对论的发现者看来，完全无法想象对粒子 A 的测量会瞬时影响到远处粒子 B 拥有的独立物理实在元素。玻尔则坚持认为，对粒子 A 展开的测量一定会通过某种方式瞬时"影响"粒子 B。但他没有进一步说明这种神秘影响的性质。

两位物理巨擘就量子力学中定域性问题的争论，双方都面临举证困难而没有结果。那么，是谁成为定域性问题的上帝裁决？

　　1964 年，爱尔兰物理学家约翰·贝尔提出一个假设，表达了物理学具有定域性的思想：因为信息的传播速度不可能超过光速，这就意味着，当两个光子相距极远时，我问其中一个光子问题不可能影响到另一个光子给出的答案。由这个假设出发，贝尔从两个光子偏振态的相关性推导出一个数学不等式——贝尔不等式。这里定义光子偏振方向为"前后、左右、上下"，放在坐标系中即 $|P_{xz} - P_{zy}| \leqslant 1 + P_{xy}$（ P_{xz} 表示的是向 x 方向偏振和向 z 方向偏振的相关性）。贝尔认为，如果不等式成立，那么爱因斯坦的定域性原理成立；如果不等式被证否，那么量子力学与定域性相抵触。

　　任何假设走向真理的唯一途径就是实验验证。从 1972 年起，直至 2015 年止，所有实验证明贝尔不等式在多个场合下都不成立。大自然并不遵从定域性原理，也就是说彼此相距遥远的两个量子粒子，即存在于这个世界上的两个量子实体，可以共享某些不能独自享有的属性。

　　贝尔的贡献导致定域性原理作为一个正确世界观（不存在任何传播速度比光速还快的物理作用）的终结，而"幽灵般的超距作用"（非定域性物理作用）确实存在。

　　无论在理智上，还是在情感上，爱因斯坦都坚决维护定域性。EPR 论文是他震撼整个物理界的最后一篇论文。虽然贝尔实验证实了定域性原理不能正确地描述大自然，爱因斯坦的世界观站不住脚。不过，爱因斯坦等人的那篇论文仍然具有极为重要的意义，因为它暴露了量子力学一个令人意想不到的方面，也就是量子纠缠。物理学家花了数十年才充分认识到这一点，换言之，EPR 的论文大大超前于它问世的时代。2022 年的诺贝尔奖得主安东·塞林格在题为"量子纠缠独立于时空"的访谈中，论及量子纠缠实验对人类世界观的影响时说："我建议我们需要对时空这一观念重新作一个深入的分析，其深刻程度可能要同维也纳的物理学家、哲学家马赫把牛顿的绝对空间和绝对时间赶下王座相媲美，希望最终产生出类似于爱因斯坦的相对论一样的新物理。"

　　（6）宇宙万物"看"则有，不"看"则无——观测创造实相世界观

　　测量，在经典力学中，这不是一个需要特别考虑的问题。我们不会认为测量过程跟其他过程服从不同的物理规律。测量这个概念有三个特征：首先，如果我们有适当的仪器，那么我们认为测量精度可以无限地提高；

其次，如果我们选择正确的测量方式，就可以做到在测量过程中被测物体不会显著地变化；再次，如果在测量前，被测物体的物理量（如位置、动量）具有确定的数值，那么测量行为仅仅是揭示这个值而已。

可是对于原子大小的量子物体，比如电子，上述测量概念就不再适用。我们对于量子个体的所知是有限的，我们不能100%确定每次测量量子个体会得到怎样的结果，因为在绝大部情况下，这些测量结果在本质上是随机的。但是，量子力学却允许我们在选定需要测量的物理量后，可以预测每个测量可能得到的结果所产生的概率。

读者会问，在量子力学中，什么样的行为算是"一次测量"呢？是的，你应该问这个问题。

在经典力学中，如果我们知道一个物体的"态"（称之为经典态，可以用一个物体的位置、速度以及其他特性来表示），我们就知道了关于这个物体所能被知道的一切。所以，经典态和所有测量结果直接联系在一起，每一个测量结果都可以被准确地预测。然而，在量子力学中，量子实体在测量之前，不能有、也不具有确定而预先存在的性质，量子态由一个概率波函数 Ψ 精确描述。所以，经典态直接对应了真正的测量结果，而量子态对应了每个测量结果产生的概率。所谓一次量子测量就是将这被测对象放到了与测量结果对应的状态之下，当我们真的去"看"它的时候，它被迫做出选择，在无数种可能态中挑选一种，以一个确定的结果出现在我们面前。这个过程叫作"波函数坍缩"。在测量之前，特定粒子的波函数可能弥漫在整个宇宙，在任何地方发现它的概率都是一样的。对粒子的测量一旦完成，它的波函数就会立刻坍缩成一种与测量结果相对应的态。例如，我们测量的是量子粒子的位置，那么，玻恩规则告诉我们：在空间中某个特定位置发现粒子的概率与该点相应的波函数振幅的平方成正比。因为概率总是正值，但波函数的振幅一般会在正值和负值之间波动，而某个数的平方总是正值，并且平方与概率之间也确有联系。由此我们可以得知，波函数的振幅越大或者说波峰越高，我们就越可能在那里找到相应的量子粒子。总之，你测量一次，粒子的波函数就坍缩一次，它的叠加态就解除了，随机地决定一个新的位置。当然，这里的随机是严格按照波函数所规定的概率强度分布来决定的。

量子测量的特殊之处在于，概率正是通过测量进入量子力学。人们对这个问题表示诸多疑问，成为了近一个世纪以来巨大争议的源泉。

代表量子理论之正统解释的哥本哈根学派认为，宇宙万物不能独立于观察而存在。任何一种量子粒子在观察发生之前，都是处于叠加状态（粒子可以同时处于多个地点），一旦观测，波函数坍缩，粒子从叠加状态瞬间转变为定域状态——它在"这里"，而不会存在于别的地方。因此，接受量子理论就意味着必须放弃精确预测未来的雄心壮志。

站在哥本哈根学派反面的除了爱因斯坦，还有薛定谔和德布罗意，坚持用现实主义观点来理解量子力学，即认为外部世界完全可以独立于我们而存在这样一种观点。也就是说，观察者不会对观察对象造成任何神秘的影响，现实就在那里，完全不会受我们的意志和选择所影响，这种现实就完全符合我们的认知，并且也只含一个世界。

爱因斯坦的观点："物理是试图在概念上去抓住事物的真实性，而这个真实性应被认为是与观察没有关系的。在这个意义上，人们称之为物理的真实性。"

海森堡的观点："我们所观察到的不是自然界的本身，而是在我们探讨问题所用的方法下所显现的自然界。"

玻恩的观点："我们试图寻找到更坚定的基础，但没有找到任何东西。我们钻研得越深刻，宇宙就显得越不安宁，所有事物就像在狂欢舞会上，那么激动和摆动。"

玻尔的观点："我们视为真实的万物，都是由那些不能被视为真实的事物所组成的。"比如，什么是电子？玻尔意味深长地说："电子的'真身'？或者换个词，电子的原型？电子本来面目？电子的终极理念？这些都是毫无意义的单词，对于我们来说，唯一知道的只是每次我们看到的电子是什么。我们看到电子呈现出粒子性，又看到电子呈现出波动性，那么当然我们就假定它是粒子和波的混合体。我们一点都不关心电子'本来'是什么，我觉得那是没有意义的。事实上我也不关心大自然'本来'是什么，我只关心我们能够'观测'到大自然是什么。电子又是个粒子又是个波，但每次我们观察它，它只展现出其中的一面，这里的关键是我们'如何'观察它，而不是它'究竟'是什么。"

玻尔的话也许太玄妙了！他的观点牵涉到我们的世界观的根本变革，以及我们对于宇宙的认识方法。让我们重温一下电子双缝实验中粒子和波在双缝前面遇到的困境：电子是选择左边的狭缝，还是右边的狭缝呢？假设我们采用自然的观测方式，让它不受干扰地在空间中传播，这时候，电子概率性地穿过双缝，自身与自身发生干涉，其波函数 Ψ 按照严格的干涉图形花样发展，最终在双缝后面的屏幕上形成明暗相间的条纹，表现出电子的波动性。假设我们在某个狭缝隙上安装探测仪器（如摄像头），试图测出电子究竟通过了哪条狭缝而形成干涉的，那么，匪夷所思的事情发生：班马式的干涉条纹消失了，只留下两条明亮的条纹，电子规规矩矩表现出粒子性；取出摄像头再实验，明暗相间的干涉条纹又有了，电子又表现出波动性。反复实验都是如此，不论谁做，在什么地方做，结果都是一样的。现在我们终于明白，电子如何表现，同我们的观测行为密切相关。

如果观测，电子给你展现的就是粒子性，那么电子的波动性就退化了；而如果不观测，那么电子的波动性就又会出现，并且粒子性退化了。这个实验旗帜鲜明地给出这样的结论——观察影响实相。

换言之，不存在一个客观的、绝对的世界，唯一存在的，就是我们能够观测到的世界。任何事物都只有结合一个特定的观测手段，才谈得上具体意义。事实上，没有一个脱离于观测而存在的"绝对实在"，测量行为创造了整个世界！

量子世界的本质是"随机性"。历史事件并不必然影响未来的事件，它们没有严格因果关系；量子世界是一个充满不确定性的世界，人们无法准确地预测每一次观测的结果，只能计算出某一种结果的概率；量子世界是一切皆有可能叠加的世界，量子态是可以叠加，可以任意组合的，破除了宏观物体的状态非此即彼的逻辑观念；量子世界是一个大量粒子彼此纠缠不清的世界，我们可以通过测量一个粒子而改变另一个很遥远的粒子的量子状态，否定了经典世界的定域实在性；量子世界中的每一个事物所表现出的形态，很大程度上取决于我们的观察方法。对同一个事物来说，这些表现形态可能是相互排斥的，但又必须被同时用于这个事物的描述中，也就是互补原理。所有这些思想，不仅影响，甚至革新了人类的世界观。

量子理论照亮世界

人类科学发展史上有两个最伟大的年代：17世纪末和20世纪初。前者以牛顿《自然哲学的数学原理》的问世为标志，宣告近代经典物理学的正式创立；而后者则为我们带来了相对论和量子论，成为当代物理的两大支柱。所不同的是，今天当我们再次谈论起牛顿时代，心中更多的是对牛顿体系留下的丰功伟绩以及光辉岁月的崇敬和怀念。而相对论和量子论都仍然深深地影响着我们，并正在改变整个世界的面貌。

许多人喜欢比较20世纪齐名的两大物理发现相对论和量子论究竟谁更伟大，从一个普通意义上来说这样的比较是毫无意义的，所谓"伟大"往往不具有可比性。正如人们无法评论李白还是杜甫，莫扎特还是贝多芬，梵·高还是毕加索，汉朝还是罗马……哪个更伟大，但仅仅从实用性角度而言，我们可以毫不犹豫地下结论说：是的，量子论比相对论更加"有用"。

一百年前，量子横空出世，许多物理学家曾经牵挂它的命运与前途。爱因斯坦的同事惠勒深情地说："遇见量子，就如同一个远方的探索者第一次看见汽车。这个东西肯定是有用的，而且有重要用处，但是，到底有什么用呢？"一百年后，越来越多的研究表明，基于量子特性所催生的量子技术，正向经典领域推进，并在克服经典领域原来所不能解决的许多问题。

物理学的目标就是要找到普适的自然定律，并据此解释大自然界中的许多现象。到目前为止，量子理论是能够解释自然现象最多的理论。在量子理论的指引下，引发了一系列划时代的科学发现和技术发明，从半导体、激光到集成电路，再到新能源、新材料、分子生物学，无一不是量子理论深水静流的变化。

1. 晶体管和芯片

量子力学深入固体物理之中，我们才认识物质的能带结构，能够解释和预测哪些物质能导电，哪些物质不能导电，哪些物质是半导体，哪些物质是超导体。在量子力学出现之前，对物质导电性的最好解释是所谓的自由电子理论：能导电的物质是因为其中的电子是自由电子，而另一些物质不导电是因为其中的电子不是自由的。量子力学出现以后，我们才真正认识半导体的导电机制，使得对半导体器件工作原理的研究成为可能，而最终带领我们走向微电子学的建立，让我们造出了二极管、晶体管和一直发展到今天的超大规模集成电路芯片，从而驱动了信息革命的迅速到来。

2. 激光

在量子理论的指引下，我们认识"通过受激辐射产生光的放大"效应，即利用电子能级跃迁，使得高能级上的电子跌向低能级时，就像一座不稳定的雪山，一个小的雪球滚下去，就会产生一次雪崩。科学家花了30多年的时间，只用一小部分光子会直接从红宝石激发出更多的电子的跃迁，形成激光束。激光是一种单一频率的相干光，它能在远距离上保持其强度，而不像普通光那样扩散或散射。这种性质让激光武器变得很有吸引力，并且有潜力成为反导武器，因为激光集中爆发的能量可以在长距离上以光速运行，摧毁来袭导弹。

如果不理解量子理论关于电子和原子核之间的相互

作用和关系，激光技术就不会发明出来。集成电路芯片也不会发展得这么迅速。因为制造芯片需要在半导体硅片上雕刻几十纳米甚至几纳米的图案，没有激光技术根本无法实现，而硅芯片的出现，计算机才能向巨型化和微型化发展。

3. 超导

玻色-爱因斯坦在提出量子统计理论时，就预言：如果一个盒子里充满玻色子组成的气体，只要温度足够低（-273.15 摄氏度），那么所有原子都会沉积在能量最低的那个量子态上，这叫作玻色-爱因斯坦凝聚。这种凝聚态现在被称为物质的第五种形态，就是超导。另外四种是固态、液态、气态和等离子态。

在常温下，绝大部分原子都处在最低能量的状态，但由于泡利不相容原理，电子不可能都处于最低的能级上，只能从低到高排队，从内向外地填满能量最低的轨道。正是量子理论发现了量子世界存在这条霸道的规则，我们才能理解物质元素之间有化学属性的区别。但是温度可以改变物质的形态，在临界温度以下就会出现玻色-爱因斯坦凝聚的现象，超导就发生了。

早在 1911 年，荷兰物理学家昂纳斯就发现了超导现象。他在一次实验中，当温度降到 4.2 开尔文以下时，冷冻成固态的水银的电阻忽然消失了。因为首次实现了惰性气体氦的液化和发现超导现象，所以昂纳斯获得了1913 年诺贝尔物理学奖。那个时候，量子力学还没有诞生，直到近半个世纪之后，物理学家才彻底明白超导原理。如果没有量子理论，那么根本无法理解这个非常特殊的物理现象。

超导体是完美的导体，不仅它的电阻完全无法测定，而且超导体内的电流一旦产生，不需要电源，就会永远地维持下去，不像普通电路，一旦切断了外部电源，电流瞬间就消失了。

如今，上千种物质，包括近 30 种元素，陆续被发现在低温下会变成超导体。超导应用广泛，尤其是超导量子计算机、超导磁悬浮已成为最前沿的科技领域。

4. 原子钟

时间是最重要的物理量之一，人类对时间精度的提高贯穿整个历史。到 20 世纪，出现了石英钟，1 年的时间误差仅为 1 秒左右。这样的误差对我们的日常生活已经不存在什么影响。但是，在爱因斯坦的相对论中，引力场会引起时间和空间的弯曲，这样的话，在海拔较高的珠穆朗玛峰的时间，就会和海拔较低地方的时间存在较大的差异，这对于时间精度要求较高的科学研究来说是无法接受的。

终于，科学家们把目光投向了原子钟。量子力学有一条基本规则，即量子全同性原理：同类型原子（如铯原子）的谱线频率不会随地域、历史而改变，所以只有原子才可以成为时间标准的尺度。目前铯原子钟达到的计时精度，是每经过数万年误差仅为 1 秒。美国的GPS、中国的北斗导航系统，其依赖的最根本的技术就是对时间的精确测量——原子钟。比如，卫星定位一辆车在什么地方，需要利用三到四颗卫星发射无线电波来测量车辆与卫星之间的距离，从而实现定位。当车辆移动 1 米的时候，这个移动距离引起的无线电波传播时间的变化是极其微小的。因为无线电波是以光速传播，其传播速度约等于每秒 30 万公里。这个微小的时间变化，没有精度极高的时钟是无法测量的。有了几百万年误差只有 1 秒的原子钟，全球定位系统的精度就能达到 10 米，甚至于 1 米。这样，就可以准确测定车辆在哪里，就有了精确的谷歌地图、高德地图等。

5. 显微镜

量子力学的物质波理论告诉我们，电子也是波，它的波长仅为光子波长的几千分之一。何不用电子代替光子显示物体呢？果然，人们把电子集中到一个焦点上，射过物体，便在荧光屏上得到一个放大的图像。1932 年世界上第一架电子显微镜问世，其放大能力为 3 万倍，而当时最大的光学显微镜也只能放大 2500 倍。可见光的波长可以帮助我们看见如细菌、细胞这样的微小结构，但看不见比光的波长小得多的微观结构。电子显微镜利用电子波成像，由于电子波长远远小于可见光的波长，现在人们使用的电子显微镜的放大能力已达到 100 万倍以上，可以看见细胞的很多细节。

量子世界有一神奇效应，即量子粒子能够穿越比它能量更高的势垒。粒子就像一个精通穿墙术的"崂山道士"，能够轻易穿过厚厚的墙壁而毫发无损！扫描隧穿显微镜的设计原理就来源于量子隧穿效应。扫描隧穿显微镜的放大倍数可高达一亿倍，分辨率达 0.01 纳米，从而使人类第一次看见了物质结构在原子尺度上的细节，能够实时地观察单个原子在物质表面的排列状态。打个比方来说，如果电子微显镜是用眼睛看物体表面的话，那么，扫描隧穿显微镜就是用手在摸物体表面，从而感知其表面的凹凸不平。

按人的意志来排列一个个原子，曾经是人们遥不可及的梦想，现在，这已成为现实。扫描隧穿显微镜不但可以用来观察材料表面的原子排列，而且能用来移动原子。可以用它的针尖吸住一个孤立原子，然后把它放到一个位置上。这就迈出了人类用单个原子这样的"砖块"来建造物质"大厦"的第一步。也就是说，我们从观测和控制大量粒子集体的能力，向操控单个粒子的能力转变。

6. 传感器

芯片好比人的大脑，传感器好比人的五官，这两者都是信息领域的核心技术。

传感器是一种感应和转化设备，它能检测温度、压力、声音、光线等信息，然后将它们转化为电流、电压等电信号，有了它，人类生产出来的机器才能实现智能化。传感器技术经过更新迭代，让人类进入了感知时代。

第一代传感器是结构传感器，它的组成主要是敏感元件和转换元件，前者用来感应外界的信息，后者将感应到的信息转化为电信号。

第二代传感器是集成智能传感器，比第一代更加丰富，种类多，功能强。集成传感器把小型硅芯片等元件组合一体，这样的传感器除了感应和转化信号，还能处理信号，性能得到进一步提升。如今，一个手机有 10 几个、一辆高档汽车有 200 多个、一架飞机有 1000 多个、一列高铁有 5000 多个集成传感器。集成传感器隐藏在每个设备里，如果没有它们，无论高铁、飞机还是宇宙空间站都无法正常运行。集成传感器集合了软硬件的优势，成为智能设备的灵魂。万物互联，传感器就是连接的桥梁，把网络世界与现实世界连起来。可以说，万物互联才是传感器的终极应用。

第三代传感器是量子传感器，它基于量子叠加和量子纠缠等量子力学特性，对外界环境非常敏感，制造出更加精确、更加灵敏的传感装置。

在量子传感器中，外部环境如温度、压力、电磁场直接与电子、光子等量子体系发生相互作用，改变它们的量子态，最终通过对这些改变后的量子态进行检测，从而实现对外部环境的高灵敏度测量。因此，这些电子、光子等量子体系就是一把高灵敏的量子"尺子"。一般来说，物理系统总受到噪声的影响，因而，我们对于物理量的测量精度也会受到噪声的限制。利用量子技术就可以压缩噪声的干扰，进而达到海森堡测量极限。

量子传感器利用量子特性对环境的异常敏感，拓宽了传感器应用的内涵，它能探测到来自周围世界的各种微弱信号，这不仅有助于更深层次的物理规律的发现，更有应用上的特殊需求。例如，对微小压力测量、精准重力测量、微弱磁场测量、引力波测量等，不仅非常精确，而且灵敏度很高。

7. 量子化学

量子力学帮助我们解释原子的电子结构如何影响元素的性质，并呈现神奇的周期性，以及它们又是怎样结合形成了我们今天看到的物质。这是量子力学最重要的成果。玻恩认为量子力学"解释了原子是如何结合在一起形成分子，以及为什么分子有不同的形状，是量子力学重要的胜利之一"。

迄今为止我们对原子电子结构的了解，都是建立在量子力学基础之上的：

第一，量子力学帮助我们认识化学键（离子键和共价键），通过化学键我们进入了化学王国，去认识元素是如何结合在一起形成物质的，因为化学键跟原子的基本电子结构有关。

第二，泡利不相容原理，帮助我们从电子态出发，去了解最外层电子如何决定了原子之间可能形成的化学键，从而进一步解释元素化学性质的多样性。

第三，狄拉克计算表明电子有一个内禀属性叫作自旋，其值为 $+1/2$ 和 $-1/2$。电子自旋是半整数，即量子化的。电子自旋的发现，可以帮助解释元素和元素周期表。

第四，薛定谔方程可以预测新分子、新物质的化学性质，已成为制药公司开发新药的重要工具。

量子力学填平了物理和化学这两门科学之间的鸿沟，催生了量子化学这门新学科。有了量子化学，化学还有必要存在吗？是否可以用量子化学解决所有物质问题？现实还没有给出确切答案。

8. 量子密钥通信

大家知道，我们几乎时时刻刻都在使用密码，如解锁、登录、转账等。怎样才能实现无法破解的密码，以保证通信与交易的安全呢？其实，早在 1917 年就有人提出，只要实现"一次一密"的方式就能够做到这一点。也就是说，每次传递信息的长度跟密码的长度一致，并且密码只能用一次，这样肯定是安全的。但这在现实生活中是根本做不到的。因为"一次一密"要消耗大量"密钥"，需要甲乙双方不断地更新密码本，而密码本的传送本质是不安全的。那么是否有什么办法可以确保密钥发送是安全的？有，这就是"量子密钥分发"。

我们知道，传统密钥是基于某些数学算法的计算复杂度，但随着计算能力的不断提升，传统密钥破译的可能性与日俱增。1995 年，美国学者肖尔提出了大数因子化算法，有望在量子计算机上实现，就有可能高效率地分解质因数，于是经典计算机上基于大质数原理的 RSA 密码系统就会迅速破解，那时正在使用 RSA 密码系统的银行、网络和电子商务等部门的信息安全将受到严重威胁。量子力学的发展为人们寻找更加安全的密钥提供了可能性。量子密钥是依据量子力学的基本特性（如量子纠缠、量子不可克隆和量子不可测量等）来确保密钥安全，这是它比传统密钥所具有的独特优势。另外一个优点是无须保存"密码本"，只须在甲乙双方需要实施保密通信时，实时地进行量子密钥分发，然后使用这个被确认的安全的密钥实现"一次一密"的经典保密通信，这样可消除保存密码本的安全隐患。

量子密钥分发（QKD）的过程大致如下：单个光子

通常作为偏振或相位自由度的量子比特，可以把欲传递的 0，1 随机数编码到这个量子叠加态上。比如，事先约定，光子的圆偏振代表 1，线偏振代表 0。光源发出一个光子，甲方随机地将每个光子分别制备成圆偏振态或线偏振态，然后发给合法用户乙方。乙方接收光子，为确认它的偏振态（即 0 或 1），便随机地采用圆偏光或线偏光的检偏器测量。如果检偏器的类型恰好与被测的光子偏振态一致，则测出的随机数与甲方所编码的随机数必然相同。否则，乙方所测得的随机数就与甲方发射的不同。乙方把甲方发射来的光子逐一测量，记录下测量的结果。然后乙方经由公开信道告诉甲方他所采用的检偏器的结果。这时甲方便能知道乙方检测时哪些光子被正确地检测，哪些未被正确地检测，可能出错，于是告诉乙方仅留下正确的检测结果作密钥，这样双方就拥有完全一致的 0，1 随机数序列。

如果有窃听者在此过程中企图骗取这个密钥，他有两种策略：一种是将甲方发来的量子比特进行克隆，然后发给乙方。但量子的不可克隆性确保窃听者无法克隆出正确的量子比特序列，因而他无法获取最终的密钥。另一种是窃听者随机地选择检偏器，测量每个量子比特所编码的随机数，然后将测量后的量子比特冒充甲方的量子比特发送给乙方。按照量子力学原理，测量必然干扰量子态，因此，这个"冒充"的量子比特与原始的量子比特可能不一样，这就导致甲乙双方最终形成的随机序列出现误差，他们经由随机对比，只要发现误码率异常高，超过了阈值，便知道有窃听者存在，此时警报响起，停止密钥分发，已发的密钥弃之不用。只有确认无窃听者存在，其密钥才是安全的。接下来便可用此安全密钥进行"一次一密"的经典保密通信。

9. 量子计算机

1946 年，世界上的第一台通用计算机（ENIAC）诞生了，这是人类史上最伟大的发明之一。自它诞生那天以来，已经深入到我们工作生活的每一个方面，彻底改变了人类社会的面貌。

回顾计算机经过七八十年的发展，真是一日千里，沧海桑田！如今，计算机的功能已经非常强大，中美两国的超级计算机，每秒钟能够进行超过 100 亿亿次的计算。不过，从本质上来说，现代计算机（或称经典计算机）自问世以来却没有什么根本性变化，阿兰·图灵为它种下了灵魂，冯·诺依曼为它雕刻了骨架，从工作原理来说，酷睿和 ENIAC 并没有什么区别，只不过处理的速度和效率不同而已，别的只是细枝末节罢了！

　　根据摩尔定律，集成电路上晶体管的数目每隔 18 到 24 个月增加一倍，其性能也相应增加一倍。目前晶体管越做越小，已经把工艺推进到 7 纳米、5 纳米，甚至 3 纳米。现在每个芯片上的晶体管数已经超过了 10 亿大关，一个晶体管的尺寸比一个流感病毒还要小，达到原子数只有几十个，甚至十几个的水平。但是随着芯片集成度的不断提高，电路中间的阻隔变得越来越薄，到了原子级别，电子会发生隧穿效应，它会来回乱跑，你不能精确地定义高低电压，也就是无法控制电子开关到底是开着还是关着——记录为"0"还是"1"。这就是通常说的摩尔定律碰到天花板，它不可能无限期持续下去。元器件尺寸不断缩小，在纳米尺度下，芯片单位体积散热也相对应增加，就会因"热耗效应"产生计算上限。总之，经典计算机离极限越来越近了，如果继续沿着这条路走下去，计算能力很快就要达到终点。

　　在微观体系下，电子遵守的是量子力学规律而不是传统（牛顿）力学的规律。电子的活动有时像粒子，但有时又像波浪，这就是量子效应。于是，科学家们提出干脆在量子效应的基础上研制量子计算机。早在 1959 年 12 月，美国物理学家费曼发表了一个题为"底层的充足空间"的著名讲话，他指出今后经典计算机的发展方向就是量子计算机。在讲话结束时，他说：

当我们达到这一非常微小的世界，比如七个原子组成的电路时，我们会发现许多新的现象，这些现象代表着全新的设计机遇。微观世界的原子与宏观世界的其他物质的行为完全不同，因为它们遵循的是量子力学的规则。这样一来，当我们进入微观世界对其中的原子进行操控时，我们遵循着不同的规律，因而我们可以期待实现以前实现不了的目标。我们可以用不同的制造方法。我们不仅仅可以使用原子层级的电路，也可以使用包含量子化能量级的某个系统，或者量子化自旋的交互作用。

仅半个世纪后，我们已经进入到"七个原子组成的电路"这一层级。因此，基于量子特性来研发量子计算机也是时候了！

经典计算机是利用电磁规律，通过操控电子来进行相关的计算。量子计算机是遵循量子力学规律，对微观粒子的量子状态进行精确调控的一种新型计算模式。经典计算机是编译在一个宏观体系上，主要用低电压和高电压来表示 0 和 1。量子计算机是编译在量子实体（单原子或电子、光子）上的，可以用电子的上下自旋状态表示 0 和 1。经典计算机的信息单元是比特（bit），它只能处于 0 或 1 的二进制状态。量子计算机的信息单元是量子比特（qubit），基于叠加原理，量子比特不仅可以表示 0 或 1，还可以同时表示 0 和 1 的线性组合。两种计算设备的计算单元，在物理结构上有着明显的差异。

相比之下，量子计算机的优势是存储更大、运算更快。量子存储突破的关键技术是量子叠加性；量子速度突破的关键技术在于量子演化并行性。

前面的讨论告诉我们，一个经典比特只能表示一个数，要么 0，要么 1，但一个量子比特可以同时存储 0 和 1，那么两个经典比特可以存储 00，01，10，11 四个数中的一个，而两个量子比特可以同时存储以上四个数，按照此规律推广到 n 个量子比特可以存储 2^n 个数，而 n 个经典比特只能存储其中的 1 个数。由此可见，量子存储器的存储能力是呈指数增长的，是经典存储器的 2^n 倍。如果 n 很大，假设 $n=250$ 时，量子计算机能够存储的数据比整个宇宙中所有原子的数目还要多，也就是说，即使把宇宙中所有原子都用来制造成一台经典计算机，也比不上一台量子比特为 250 位的量子计算机。两种计算机的存储能力会有如此大的差异，根本原因就是量子叠加带来编码方式的革命。

　　为了提高计算速度，经典计算机依靠相关器件的堆叠和主频的提升来实现。从最初的单核上升到多核，主频从 486 处理器提升到现在的 2.xGHz，甚至到 3.8GHz 等。这种通过提升资源方式来提高运算速度是不可持续的。量子计算机是并行运算，在实施一次的运算中可以同时对 2^n 个不同处理器进行并行操作，因此量子计算机可以节省大量的计算资源。另外，借助量子纠缠可以让量子比特中的数据保持同步，不需要消耗额外的资源来维护运算中数据的同步。

　　量子计算机的前景固然光明，可是落地应用还要排除一系列的技术障碍，未来将是经典计算机和量子计算机搭配使用，经典计算机解决常规问题，量子计算机解决大数据、大运算量的一类问题。

　　科学进步离不开对旧知识体系的突破，牛顿突破了亚里士多德关于物体运动现象的描述，并认识到自由落体的定量规律，写出了 "$F = G\dfrac{m_1 m_2}{r^2}$" 的准确公式，它把地上和天上的物体运动规律统一了起来，形成了一个完整的力学体系。这就是名垂青史的万有引力定律。

　　如果不抛弃旧有观念的束缚，恐怕永远也跳不出"如来佛的掌心"。爱因斯坦相对论中的一个重要结论是：一个具有质量 m 的物体一定具有能量 E ，提出了如雷贯耳的质能关系式" $E=mc^2$ "，对物理学产生了广泛而深远的影响。

当物理学的两座丰碑（牛顿力学和相对论）树立起来之后，难道物理学的一切都大功告成？再没有更多的发现可以作出吗？大自然永远不会向我们展现它最终的秘密，而我们的探索也永远没有终点。尤其是微观世界尚处在迷宫之中，前途漫漫，许多问题尚未突破。已有突破之一就是普朗克的一个简明公式 $E=h\upsilon$ ，标志着量子的问世，从而导致量子论的创立，再一次将物理学推向高峰。一个世纪过去了，量子论这面铜镜被岁月擦磨得越来越光亮，把它的光辉播撒到人类社会的每一个角落。正是在量子论的指引下，今日的科技才如此朝气蓬勃，并给我们带来了一系列伟大的技术革命。从半导体、晶体管到大规模集成电路，再到激光技术，以及新能源、新材料、新制造及加工技术，无不以量子论的发展为前提。如果要评选 20 世纪最深刻地影响了世界进步的事件，那么可以毫不夸张地说，其中之一应该被授予量子理论的创立和发展。

尾 声

牛顿发现万事万物在宏观世界完美运行的规律，但放到原子和亚原子内部就失效了。亚原子世界是极端另类的。把诸如位置、速度、动量等经典力学的概念用到亚原子粒子上是无稽之谈，自然界需要新的语言。这就是量子力学。

量子力学的最大魅力是让人类看到现实世界的最小尺度内发生了什么。它就像熊熊烈火可以驱散量子世界里不可逾越的黑暗，把隐藏在神秘面纱后的世界揭示出来。

第一，量子客体没有一个确定的身份，它是居住在一个可能性的空间里的。比如一个电子，它并不是存在于单独的一个地方，而是许多地方，它的速度也不止一个，而是很多很多个。那波函数展示的就是所有这些可能性叠加在一起的图景。

第二，量子客体的某些性质——比如速度和位置——是成对存在的，且遵循着一种极其怪异的关系。其中一个性质对应的数值越精确，另一个就越不确定。还是拿电子来说吧，假如一个电子只处在唯一的位置，就像被大头钉钉住的一个虫子，那么在这种情况下，它的速度就会变得完全不确定了，它可以是静止的，也可以光速移动，我们没法知道，而且反过来也是一样！假如这个电子的动量是准确的，它的位置又会变得不固定了，可以在你身边，也可以在宇宙的另一边。这两个变量在数学上是共轭的：确定一个，另一个就消解了。

第三，量子客体发生的事情都不是前一状态决定的，我们无法掌握过去，也不是未来，而是现在。决定论认为所有发生的事情都是前一状态直接的后果，那只要看看现在，再计算一下方程，就能够预言最遥远的未来。量子力学则用一个波函数把一个量子粒子的无数种命运、所有状态和轨迹叠加在一起，以混合状态形式表示了出来。一个粒子有许多种穿越空间的方法，可它只能选择一种。如何选择？完全随机。以前是每个果都对应着一个因，而现如今，只剩下一堆概率。也就是说，经典世界中事物的可观测属性总是能够取得确定的数值，而量子世界中的事物只能以叠加态的形式存在，其属性呈现出概率性。

第四，量子客体不能脱离观测行为而存在，没有观测时，它存在的状态具有多种可能性。它只有在被特定仪器检测时，才会采取终态，以特定方式存在。而在两次检测之间，它是如何运动的，它是什么，在哪里，都毫无意义。只有测量行为才让它变成了一个真实的物体。也就是说，任何一个量子现实都不是实体，而是概率。而从"可能"去往"真实"的转化仅仅发生在观察或测量之中。

以上观点，被后人称之为量子力学的"哥本哈根解释"。

山不在高，有仙则名；水不在深，有龙则灵。在人类探索微观世界的历史进程中，以欧洲小国丹麦首都命名的"哥本哈根学派"，像熊熊燃烧的火炬，放射着缤纷夺目的光彩，为人们遨游未知世界指明了方位。到目前为止，虽然对量子力学提出过多种解释，但"哥本哈根解释"是能够解释量子现象最多的理论。"哥本哈根解释"的缔造者认为："量子力学是一个反现实主义的理论，其物理和数学假设已经没有修改的可能了。"

今天，"哥本哈根解释"被当作量子力学的"正统”，一直被写进各种教科书中，甚至成为大学里教授的唯一量子理论版本。是不是量子力学的一切都已大功告成，再没有更多的发现可以做出吗？物理学永远处于进化之中，没有终极版，只有现在版。一个完美的物理理论，一方面理论体系本身是自洽的，另一方面它应当能够解释并且预言实验结果。如果有一天，发现一个实验得到的结果与正统量子力学的预言不一致，可能就是新理论诞生之日，就有希望在量子力学"如何解释"这个问题上得到突破。其实这正好代表人类探索大自然的一个螺旋上升而无限逼近的过程。

参 考 文 献

爱因斯坦 A，2006. 狭义相对论与广义相对论[M]. 杨润殷，译. 北京：北京大学出版社.

曹天元，2008. 量子物理史话：上帝掷骰子吗[M]. 沈阳：辽宁教育出版社.

德布罗意 L V，1992. 物理学与微观物理学[M]. 宋津栋，译. 北京：商务印书馆.

丁鄂江，2019. 量子力学的奥秘和困惑[M]. 北京：科学出版社.

福特 W，2008. 量子世界——写给所有人的量子物理[M]. 王菲，译. 北京：外语教学与研究出版社.

郭光灿，2019. 量子密钥分配的应用与发展[Z/OL]. 中科院物理所微信公众号.

海森堡 W，1992. 物理学与哲学[M]. 范岱年，译. 北京：商务印书馆.

海森堡 W，2017. 量子论的物理原理[M]. 王正衍，李绍光，张虞，译. 北京：高等教育出版社.

赫尔曼 M，1980. 量子论初期[M]. 周昌忠，译. 北京：商务印书馆.

黄祖洽，2007. 现代物理学前沿选讲[M]. 北京：科学出版社.

库马尔 M，2022. 量子传[M]. 王乔琦，译. 北京：中信出版集团.

拉巴图特 B，2023. 当我们不再理解世界[M]. 施杰，译. 北京：人民文学出版社.

雷默 G，2022. 量子物理学[M]. 吴纯白，译. 武汉：华中科技大学出版社.

李宏芳，2006. 量子实在与薛定谔猫佯谬[M]. 北京：清华大学出版社.

普朗克 M，1959. 从近代物理学看宇宙[M]. 何青，译. 北京：商务印书馆.

斯莫林 L，2021. 量子力学的真相[M]. 王乔琦，译. 成都：四川科学技术出版社.

唐三秋，2021. 矛盾叠加：量子论的超级世界观[M]. 北京：商务印书馆.

沃尔斯特 A，2005. 新量子世界[M]. 雷奕安，译. 长沙：湖南科学技术出版社.

吴今培，2019. 量子概论：神奇的量子世界之旅[M]. 北京：清华大学出版社.

吴今培，李雪岩，2021. 量子之道[M]. 北京：清华大学出版社.

曾谨言，裴寿镛，2000. 量子力学新进展：第一辑[M]. 北京：北京大学出版社.

Beller M，1999. Quantum Dialogue：The Making of a Revolution[M]. Chicago：University of Chicago Press.

Bennett C H，Divincenzo D P，2000. Quantum information and computation[J]. Nature，404：247-255.

Duch I，Sundarsham E C G，Dan G，2000. 100 years of Planck's

quantum[J]. Physics Today, 54（12）: 301-318.

Hannabuss K, 1977. An Introduction to Quantum Theory[M]. New York: Oxford University Press.

Kragh H, 1999. Quantum Generation[M]. Princeton: Princeton University Press.

Maudlin T, 2022. Quantum Nonlocality and Relativity[M]. Oxford : Blachwell Publishers.

Muller F M, 1997. Studies in history and philosophy of modern[J]. Physics, 28（2）: 219-247.

Tallbot M, 1988. Beyond the Quantum[M]. London: Bantan Books.